오사카 키친

OSAKA
KITCHEN

RHK
알에이치코리아

세상에서 가장
맛있는 '비주얼'을 탐하다!

간사이 지방을 처음 여행할 때는 새롭고 낯선 풍경을 모두 경험해보고 싶었다. 두 번째 여행 때는 첫 여행에서 놓쳤던 명소를 가보는 데 욕심을 냈다. 이후 잦은 방문으로 웬만한 간사이 명소가 더는 새롭게 느껴지지 않을 무렵에 나는 결심했다. 시간을 길게 내서 온전히 '먹방'을 위해 오사카를 여행하겠다고 말이다.

한 달이 넘는 기간 동안 홀로 여행하면서 가장 좋았던 것은 '여유로움'이었다. 동행한 사람이 없으니 딱히 약속된 스케줄도 없었다. 멍하니 시간을 보내거나 목적 없이 느리게 걷는 일이 잦았다. 이런 여유가 있다 보니 서울에서는 잘 챙겨 먹지 않던 '삼시 세끼'를 찾아 먹는 일이 그렇게 즐거울 수가 없었다. 가져간 책이나 인터넷 정보를 뒤적여 유명한 맛집을 찾아내기도 하고 간판이 예뻐서, 가게 창문에 붙은 메뉴 사진이 먹음직스러워서, 가게를 나서는 손님들의 얼굴이 행복해 보여서 잘 알지도 못하는 가게에 불쑥불쑥 들어가기도 했다.

그렇게 나를 매료시킨 맛집들은 '비주얼'이라는 공통점을 가진다. 이는 단지 보기 좋은 외형만을 쫓아 맛집을 찾아다녔다는 뜻은 결코 아니다. 대를 이어 맛을 지켜온 가게들은 마음을 다해 예쁘고 맛있는 음식을 만들어낸다. 또 오랜 시간 자리를 지켜온 가게들은 외관에서부터 거리를 압도하는 아우라가 느껴지기도 한다. 이런 비주얼은 단지 '껍데기'인 것이 아니라, 필시 오랜 시간과 따스한 정성을 품고 있다. '어떻게 하면 더 보기 좋게 플레이팅할까'를 고민하는 요리사는 분명 '어떻게 만들면 더 맛있을까'에 대해 고민했으리라 생각한다. 말 그대로 '보기 좋은 떡이 먹기에도 좋다'는 뜻이다.

이런 값진 비주얼을 카메라보다 손으로 담을 수 있어서 행복했다. 때론 카페에 앉아 커피를 홀짝이며, 때론 일정을 마친 후 숙소에서 그림을 그리며 내가 경험한 따스한 맛을 표현하고자 노력했다. 사실 기대만큼 맛이 있든 없든, 외관이 멋지든 그렇지 않든 간에 내 먹방 여행의 모든 순간은 반짝반짝 빛이 났다. 그 반짝이는 순간들이 나의 시선이 투영된 그림으로 다시 태어날 때, 저마다의 인생 철학을 가진 가게들 또한 여행의 또 다른 의미가 되어주었다.

'천하의 부엌天下の台所'이라 불리며 다채로운 맛의 향연이 펼쳐지는 오사카. 그리고 유서 깊은 요리 문화와 맛있는 커피를 즐기는 교토와 세련되고 사랑스러운 스위츠가 넘쳐나는 고베까지, 세상에서 가장 맛있는 손그림으로 즐거운 먹방 여행을 떠나보기를 바란다. 음식뿐만 아니라 나누고 싶은 풍경들은 'SPECIAL'에 담아 그 분위기를 전하고자 했다. 그림에 종종 등장하는 작고 통통한 오리 '지니어스 덕'은 작가의 분신이라고 생각해주면 좋겠다. 그림 속의 노란 오리가 이미 그곳을 경험하고 있는 듯한 즐거움을 줄 수 있기를 바란다.

※ 일본어 표기 : 더욱 실용적인 정보 전달을 위해 외래어 표기법 기준이 아닌. 현지 발음에 가까운 표기를 사용하였습니다.

2016년 겨울
지니어스 덕

CONTENTS

OSAKA 오사카

KYOTO 교토

KOBE 고베

coffee
にしむら
北野店
Nishimura

JOHANNA GULLICHSEN
TEXTILE CRAFT & DESIGN
www.johannagullichsen.com

ねぎ焼・お好み焼・鉄板焼
福太郎

大阪谷町　エクチュア。

OSAKA

오사카

뭉근한 추억이
되살아나는 수프카레

ramai

라마이

위치 지하철 아비코역에서 도보 1분

주소 大阪市住吉区苅田7-12-5

오픈 11:30~21:30

휴무 연중무휴

가격 야채카레 1,000엔, 치킨카레 1,100엔(오오모리(곱배기) 무료)

전화 06-6657-7196

홈피 www.ramai.co.jp

삿포로 유학 시절에 종종 찾았던 수프카레집인 '라마이'가 오사카에도 지점이 있다.
사실 수프카레는 눈이 펑펑 내리는 추운 날 먹어야 온전한 진가를 알 수 있다.
삿포로에 발에 채이도록 수프카레집이 많은 데 비해
오사카처럼 따뜻한 남쪽 동네에서 찾기 힘든 건 바로 이 때문인 듯하다.
찌개처럼 걸쭉한 카레 국물에 버라이어티한 채소 모둠은 비주얼부터 압도적.
수프카레 한 모금에 삿포로가 되살아난다.
낯선 곳에서 친근한 추억을 나누게 해주는 수프카레가 따뜻하고 감사하다.

동네 선술집의
직화 꼬치구이

토리아에즈

위치 JR 비쇼엔역에서 도보 1분
주소 大阪市阿倍野区美章園2-28-8
오픈 17:00~다음날 새벽 02:30
가격 2,000~3,000엔
휴무 수요일
전화 06-6719-4118

어둑어둑해질 무렵 비쇼엔역이라는 곳에서 일본에 사는 친구를 만났다.

텐노지에서 멀지 않은데도 관광객과는 인연이 없어 보이는 이 동네는

'오사카도 시골이구나'하고 느낄 만큼 별다른 랜드마크도 없고 소박한 분위기다.

조금 걷다가 자연스럽게 작은 이자카야로 들어섰다.

가이드북은 물론이고, 웬만한 일본 음식점은 다 나온다는

타베로그에서조차 찾기 힘든 그야말로 동네의 작은 선술집이다.

동네 아저씨들이 민소매 차림으로 꼬치구이와 일본 술을 즐기고 있고,

직장인으로 보이는 남자 둘은 맥주잔을 기울이며 신세 한탄 중이다.

주인 부부는 음식을 날라주며 적당히 손님들의 대화에 섞여든다.

우리도 맥주와 함께 꼬치구이 몇 개를 주문했다.

주문하자마자 굽기 시작한 꼬치구이는 직화 향이 살짝 입혀져 맥주와도 잘 어울렸다.

돼지고기 · 닭고기 · 완자 꼬치구이는 각각의 식감도 좋고

다소 진한 소스 맛도 나쁘지 않다.

무엇보다 여행자로서의 긴장감을 완전히 놓아버린 채

이 동네 사람들과 자연스레 섞여들어 대화할 수 있는 분위기가 참 좋았다.

여행하면서 줄곧 현지인처럼 지내보고 싶다는 생각을 했는데

어느덧 서슴없이 즐기게 된 것을 보니

토리아에즈는 그런 로망을 실현해준 곳이 아닌가 싶다.

집밥처럼 따뜻한
일본 가정식 도시락

콤비

위치 지하철 텐노지역에서 도보 7분

주소 大阪市天王寺区堀越町13–15

오픈 런치 11:30~14:30, 디너 17:00~23:00

휴무 일요일 · 공휴일

가격 일본 가정식, 스시, 안주 900~3,000엔

전화 06–6770–5305

홈피 combi.hp4u.jp

텐노지역을 향하는 길에 소박한 외관의 가정식 백반집을 만났다.

예상대로 관광객은 단 한 명도 없다. 젊은 사람도 없다.

나이 지긋한 동네 주민들이 마실 나와 조용히 식사하는 분위기.

이 집의 시그니처 메뉴는 다시마키だしまき, 즉 달걀말이지만

메뉴판을 살피던 내 눈은 '하루 20판 한정 도시락'에 꽂혔다.

1,500엔이라는 다소 비싼 가격도 감수할 만큼 요모조모로 충실한 구성이다.

아주머니가 고이 내온 작은 그릇에는 형형색색의 꽃잎 밑에 두툼한 스시가 숨어 있다.

다음 그릇에는 텐푸라, 그다음 그릇에는 10여 종이 넘는 채소 절임과

달걀말이, 생선구이, 두유 향이 강한 연두부가 담겨 나왔다.

여기에 유부국, 은행을 넣은 달걀찜, 멸치조림을 얹은 따끈한 밥까지

'도시락'이라고 하기에 미안할 정도의 일본 가정식이 거나하게 차려졌다.

우리나라에서 대충 한 끼 때울 요량으로 찾는 도시락과는 다른 차원이다.

오히려 여러 반찬을 고루 갖춘 따끈한 일본식 집밥을 먹고 싶을 때 좋은 선택이다.

하루 14만 개나 팔리는
명물 만두

551horai

551 호라이

위치 JR 텐노지역 1층(텐노지역 중앙 개찰구 바깥쪽)

주소 大阪市天王寺区悲田院町10-45

오픈 08:30〜21:30(지점마다 다름)

휴무 연중무휴(지점마다 다름)

가격 부타망 2개 340엔, 야키교자 10개 300엔

전화 06-6771-3081

홈피 www.551horai.co.jp

일본 전 점포에서 하루 14만 개나 팔린다는 명물 만두.

오사카에만 30개가 넘는 체인을 가졌다니 그 인기를 알 만하다.

어느 점포든 줄이 길게 늘어서 있어 저걸 언제 먹어보나 생각만 했었는데,

늦은 시간 텐노지역점을 찾았더니 줄이 꽤 줄어 있었다.

각기 다른 속재료와 만두피로 다양한 종류를 뽐내지만,

역시 551호라이라면 가장 유명하다는 부타망을 먹어야 한다.

부타ぶた는 돼지, 망まん은 만두라는 뜻이니 말 그대로 돼지고기 만두다.

숙소에 도착해 TV를 켜놓고 아직 따뜻한 만두가 든 포장 박스를 꺼냈다.

사면이 새빨간 소방차 그림으로 둘러져 있는 게 앙증맞고 귀엽다.

그런데 한입 깨물어 먹고는 '어?'하고 저절로 내려다보게 됐다.

두툼한 만두피를 싫어하는 이라도 한입에 반할 쫀쫀한 촉감이다.

달달한 육즙과 쫄깃한 식감의 고기는 아삭아삭한 야채와 훌륭하게 어울린다.

조금 작다고 생각할 수 있지만 만두 속이 워낙 충실해

두 개 정도면 한 끼 식사로 충분할 것 같다.

거하게 차린 한 상이 녹록치 않은 여행자에게

이 정도면 간편하고 요긴한 식사가 아닐까.

아니면 나처럼 하루 여행을 마감하며 푹신한 침대에 누워

야식을 즐기는 용도로도 안성맞춤이다.

부스러기가 더 맛있는
타이야키

fukuhachi

후쿠하치

위치 지하철 신사이바시역에서 도보 5분

주소 大阪市中央区西心斎橋1-10-1

오픈 11:00〜19:00

가격 타이야키(팥 · 밤 · 고구마 · 호박 · 참깨) 150〜180엔

전화 06-4708-8658

홈피 www.fukuhachi.com

타이야키 たいやき 도미구이는 우리나라의 붕어빵과 무척 비슷하다.

아닌게 아니라 일제 강점기에 타이야키가 우리나라로 건너온 것이 붕어빵이라는데,

그 과정에서 일본의 도미가 우리나라에선 붕어로 바뀐 모양이다.

어쨌거나 철판구이 틀에 밀가루 반죽을 붓고 팥소를 넣어 굽는 건 똑같은데,

이곳 후쿠하치는 빵 굽는 기계부터 육중해 역시 다르다.

홋카이도 토카치산 팥을 넣은 전통 팥빵을 메인으로 밤 · 고구마 · 호박 · 참깨 등
여러 버전을 만들고 있다.

만드는 과정을 가만히 지켜보자니 빵 주변에 붙은 부스러기 양이 압도적이다.

사방에 붙은 부스러기를 다 합치면 타이야키 한 개는 더 나올 것 같다.

첫 입에 부스러기가 경쾌하게 와사삭 부서진다.

어린 시절 마지막까지 남은 과자 부스러기를 털어먹으며 '이게 제일 맛있지'했던
기억이 아련하게 떠올랐다.

씹을수록 풍기는 빵의 크리미한 향과 달달한 팥소와의 조화도 좋다.

팥소의 분포율이 워낙 고르다 보니 머리부터 먹든, 꼬리부터 먹든 끝까지 맛있다.

나는 가끔 이렇게 사소한 것에서 일본인의 세심함을 느끼곤 한다.

묵직한 정통햄버거의
절대 강자

critters burger

크릿타츠버거

위치 지하철 신사이바시역에서 도보 2분

주소 大阪市中央区西心斎橋1-10-35

오픈 11:30~23:00

가격 아보카도 치즈버거 1,200엔, 햄버거 900엔

전화 06-4963-9840

일본에서 전국적인 체인망을 가지고 있고 우리나라에서도 꽤 인기 있는 모스버거가
최소한의 야채와 패티를 넣어 가볍게 일본식으로 즐기는 것이라면,
크릿타츠버거는 넣을 수 있는 재료를 최대한 넣어 묵직한 포만감을 선사하는 정통 버거의 맛이다.
좋은 재료를 아낌없이 사용해 방금 만든 따끈한 햄버거는 꽤 인상적이었다.
맛집이 넘쳐나는 오사카의 한복판에서 햄버거라는 메뉴를 선택한 일을
후회하지 않을 만큼 말이다.

1946년부터 이어온
국물과 면발

imai

이마이우동

위치 지하철 난바역에서 도보 5분

주소 大阪市中央区道頓堀1-7-22

오픈 11:00~22:00(지점마다 다름)

휴무 수요일(지점마다 다름)

가격 요나키우동 864엔, 키츠네우동 756엔, 싯포쿠우동 1,296엔

전화 06-6211-0319

홈피 www.d-imai.com

언뜻 보기에 이질적인 다소 딱딱한 쌀과자가
들어있다. 국물에 조금 풀어지면 쫄득하고 고소하다.
면의 밋밋함에 싫증날때쯤 하나 입에 넣으면
처음 먹을때처럼 다시 맛있어진다.

10미터 걸어가면 등에서 땀이 쭉 나는 더운 날씨에
뜨끈한 녹차를 내어주셨다.
나는 내심 삼장까지 차가워질 얼음물을 바랐는데.

적당히 쫄깃한 면, 딱맞는 간의 국물, 풍성하게 풀어넣은
질좋은 가츠오부시, 얇게 썰어넣은 보들보들한 유부,
쌉쌀한 향이 잘 살아있는 아삭한 파까지 감탄할만큼
잘 어우러져서 잠시 더위도 잊고 국물까지 싹 먹어치워버렸다.

이마이우동은 언제나 사람으로 북적이는 도톤보리의 대로변에 자리하고 있는데
신기하게도 가게 앞만은 딴 세상처럼 고요하다.
불과 몇 년 전까지 이 집도 번호표를 받고 대기할 정도였다는데,
현대인들의 자극적인 입맛을 따르지 않고 전통을 고수해 그런지 예전의 인기만은 못한 것 같다.
가게 안에는 어르신들 몇 분이 식사하고 계실 뿐이다.
탱탱하면서도 보드라운 면발과 홋카이도산 다시마, 구마모토산 가다랑어로 우린 국물은
1946년부터 이어온 변함없는 이 집의 역사이자 자랑.
재료 본연의 맛을 살린 오랜 전통은 단숨에 강렬한 맛을 내는 MSG가 결코 따라올 수 없을 것이다.

구름처럼 폭신한 치즈케이크

리쿠로오지상 치즈케이크

위치 JR 텐노지역 1층(텐노지역 중앙 개찰구 바깥쪽)

주소 大阪市天王寺区悲田院町10-45

오픈 9:00~21:00(지점마다 다름)

휴무 연중무휴(지점마다 다름)

가격 치즈케이크 한 판 675엔(세금 포함)

전화 0120-57-2132

홈피 www.rikuro.co.jp

"땡땡땡~." "케이크 구워졌습니다."
종소리와 동시에 종업원의 하이톤 목소리가 매장 안에 울려 퍼진다.
이윽고 오븐에서 막 구워진 케이크를 꺼내 인두로 리쿠로 아저씨의 얼굴을 찍어내고,
박스에 담아 긴 줄을 선 손님들에게 빠른 속도로 내보낸다.
덴마크산 크림치즈에 홋카이도산 우유와 버터라는 사치스런 재료를 쓰면서
직경 18cm나 되는 이 큼지막한 치즈케이크를 불과 675엔밖에 받지 않는다니….
이 치즈케이크는 단단하고 농후한 질감이 아니라 구름처럼 폭신하고 부드럽다.
부드럽지만 지그시 누르면 푸딩처럼 살짝 탱글한 묘하게 매력적인 촉감.
크다고 방심하면 안 된다.
적당한 달콤함과 폭신한 식감에 매료돼 조금씩 떼어먹다 보면
혼자 모조리 먹어치우고 깜짝 놀랄 수 있다.
무려 32년 동안 이 치즈케이크를 먹기 위해 오사카의 시민들은 긴 줄을 마다치 않다는데
맛을 보니 그 이유를 알 것 같다.

아기자기 사랑스러운
고양이 화방

U-arts

유아트

위치 난카이 난바역에서 도보 10분,
　　　지하철 닛폰바시역에서 도보 10분
주소 大阪市中央区難波千日前3-10
오픈 10:00~20:00
휴무 연말연시 외 무휴
종류 전문 화구, 고양이 테마 문구
전화 06-6631-5600
홈피 www.u-arts.jp

모든 예술가의 뮤즈였다는 고양이는 특히 일본인들이 사랑하는 동물이다. 하지만 일본에서 2년간 살았고 때때로 여행하는 나조차도 이런 화방은 처음 마주한 사랑스러운 풍경이다. 물감과 스케치북이 더 필요해 급하게 찾아간 쿠로몬시장 부근의 화방. 있어야 할 화구들이 빠짐없이 갖춰져 있고, 여기에 더해 고양이 테마 용품들이 빼곡하게 진열돼 있다. 3층짜리 건물 중 1층은 전문가용 물감과 스케치북, 2층은 다양한 종이와 액자 제작을 위한 용품까지 있어 전문 화방으로서 부족함이 없다.

주인아주머니의 추천대로 좁은 나무 계단을 따라 3층으로 올라가자 섬세하게 꾸며 놓은 갤러리 같은 공간이 나왔다. 고양이 테마 그림과 액세서리로 온통 도배된 공간. 아무도 없는 데다 작은 소음조차 들리지 않아 약간 스산한데, 오히려 이런 분위기가 작품에 집중하게 했다. 오랜 세월에 빛바랜 고양이 그림들은 종이는 비록 낡았을지언정 눈빛에선 여전히 엄청난 기운이 느껴진다. 작은 도자기로 빚은 고양이들의 눈빛도 만만찮은데, 가만히 마주 보고 있자니 어느 순간 작가의 혼이 와 닿는다. 일본 애니메이션 속 고양이 캐릭터에서 느꼈던 친근함도 이 공간에 흠뻑 빠지는 데 한몫한다.

U ARTS
西村 頭縁
雛
文房具
鏡

간식으로 딱 좋은
짭조름한 치킨

킨노토리카라

위치 난카이 난바역에서 도보 5분

주소 大阪市中央区千日前2-11-10

오픈 평일 12:00~22:30, 토 · 일요일 · 공휴일 11:00~22:30

가격 치킨 싱글 260엔 · 더블 500엔 · 메가 1,050엔

전화 090-8384-7451

홈피 www.kinnotorikara.jp

가장 오사카다운 볼거리와 먹을거리가 빽빽하게 몰려 있는 미나미 오사카.

나는 어느 순간 어딘가를 찾기를 포기하고 그냥 발길 닿는 대로 돌아다녔다.

그러다가 출출해질 즈음 노란 간판의 치킨집, 킨노토리카라를 만났다.

가게 앞에 세워둔 병아리 마스코트가 내가 그린 오리 캐릭터와 닮아 친근하게 느껴졌다.

일본에서 가장 흔한 치킨 요리인 가라아게からあげ가 주로

밥과 곁들이는 반찬 종류를 칭한다면

이곳의 짭조름한 치킨은 간식으로 즐기기에 적당하다.

종이봉투에 방금 튀긴 치킨과 나무꼬치를 넣어주는데 들고 다니면서 먹기에 딱 좋은 사이즈.

몇몇 지점은 고유의 소스를 만들어 점포 한정으로 내놓는다니

미나미 오사카에 흩어진 지점을 만날 때마다 눈여겨 보는 것도 좋겠다.

80년 전통을 품은
오므라이스

메이지켄

위치 지하철 신사이바시역에서 도보 5분

주소 大阪市中央区心斎橋筋1-5-32

오픈 11:00~22:00

휴무 수요일

가격 오므라이스 中 680엔, 오므라이스와 규카츠 세트 980엔,
하야시라이스 850엔

전화 06-6271-6761

홈피 www.meijiken.com

오래된 경양식집인 메이지켄은 일본의 옛날 드라마에서나 봤음직한 모습이다.
모서리가 닳고 닳아 동글동글해진 통나무 테이블과 벽에 걸린 빛바랜 액자들이
가게와 함께 해 온 80년의 시간을 짐작게 한다.
이 집의 대표 메뉴는 오므라이스와 규카츠牛カツ 세트.
언뜻 평범한 비주얼의 오므라이스는 한 수저 떠서 입에 넣는 순간, 오랜 역사를 가진 맛이란 이런
거라고 내게 속삭인다.
시간과 정성을 다한 하야시라이스 역시 깊고 훌륭한 맛이다.

타코야키 격전지의
제왕

하나다코

위치 한큐 우메다역 앞(신우메다 식도가건물 1층)

주소 大阪市北区角田町9-26

오픈 10:00~23:00

휴무 연중무휴

가격 타코야키 6개 420엔, 네기마요 6개 520엔, 타코센 180엔

전화 06-6361-7518

홈피 www.shinume.com/shop/はなだこ

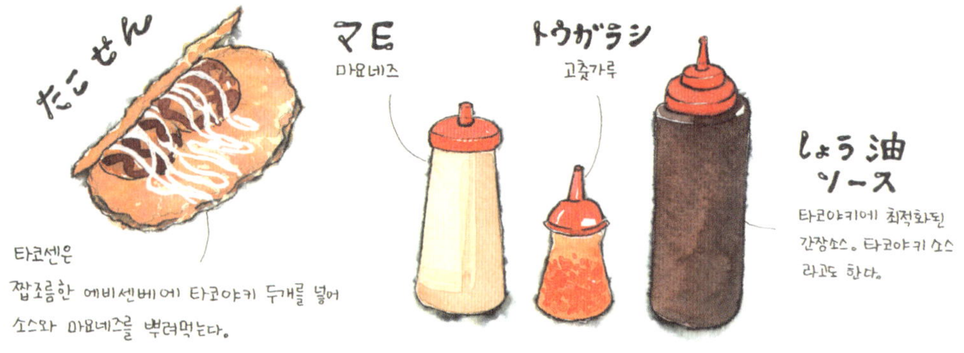

"오사카를 여행한 지 3일이나 지났는데 아직 타코야키를 못 먹었어"라고 말하자
일본에 사는 친구가 근처에 단골집이 있다며 나를 안내했다.
그런데 오사카 어느 곳에서나 눈 돌리면 보인다는 타코야키집 중에서 손꼽히는 맛집이
이런 장소에, 이렇게 조그맣게, 이렇게 눈에 띄지 않을 줄은 미처 몰랐다.
주문은 단골 손님의 선택에 맡기는 게 현명하다.
타코야키 위에 잘게 썬 파가 수북하게 올라간 '네기마요'가 맛있다고 강력 추천.
아니나 다를까 생물만을 사용한다는 신선한 문어가 입안에서 향긋하게 톡톡 씹힌다.
수분을 가득 머금은 고소한 타코야키와 쌉쌀하고 아삭한 파를 함께 먹는 게 이렇게 잘 어울릴지
몰랐다. 거기에 고춧가루를 조금 뿌리면 우리나라 사람들이 좋아하는 매콤함이 살짝 더해진다.
단, 방금 나온 타코야키는 너무 뜨거워 입 안을 데일 수 있으니 한입에 넣지 말기를.
하지만 그 뜨거운 걸 덥석 입에 넣고는 어쩔 줄 몰라 하는 사람들이 꽤 있다.
그렇게 먹어야 제맛이라나?

복고풍 가옥 사이
넝쿨나무집 카페

아망토

위치 지하철 나카자키초역에서 도보 10분
주소 大阪市北区中崎町1-7-26
오픈 12:00~22:00
휴무 부정기적
메뉴 아이스커피 200엔. 한방 라떼 350엔
전화 06-6371-5840
홈피 www.amanto.jp

나카자키초는 전쟁의 재해를 피한 쇼와시대 복고풍 가옥들이 남아있는 마을이다.
오래된 가옥을 허물어 다시 짓지 않고 카페·잡화점 등으로 개조해
고유의 분위기와 개성이 흐르는데, 그 집들이 다닥다닥 붙어있는 게 아니라
한 집 구경하고 건너건너 또 한 집 구경하는 식으로 번잡스럽지 않아서 좋다.
나카자키초 후미진 골목에서 유난히도 반짝이는 넝쿨나무집 카페.
카페 전경을 넝쿨나무가 뒤덮어 이게 건물인지 동굴인지 분간이 안 갈 정도로 울울창창하다.
나뭇잎이 머리에 닿지 않으려면 허리를 굽힌 채 문을 열어야 한다.
고요함이 흐르는 내부는 오래된 테이블 몇 개를 놓아두었을 뿐
'리모델링'이라고 할 만한 건 아무것도 하지 않았다.
흙과 돌이 얽힌 울퉁불퉁한 바닥, 책으로 가득 찬 벽면이 그 자체로 예스럽고 자연스러워
구석구석 둘러보게 된다.
익숙한 듯 익숙하지 않은 풍경, 손님인 듯 주인인 듯 경계 없이 어울린 사람들을
한동안 넋 놓고 바라보는데,
그 재미가 추천 메뉴인 '한방 라떼'의 밍밍함을 충분히 용서할 정도다.

자꾸 먹고 싶어지는
마력의 타코야키

야마짱

위치 지하철 텐노지역에서 도보 3분

주소 大阪市天王寺区堀越町14–12

오픈 11:00〜23:00(일요일·공휴일은 22:00까지)

가격 타코야키 6개 330엔·8개 440엔·10개 550엔
　　　　(파 추가 50엔·파 듬뿍 추가 100엔)

전화 06–7850–7080

홈피 www.takoyaki–yamachan.net

오사카의 수많은 타코야키 맛집들이 저마다의 개성을 뽐내지만,

일본 최대의 맛집 랭킹 사이트인 타베로그에서 '오사카 타코야키' 부문 1위에

미슐랭의 별까지 달고 있는 야마짱 본점은 가히 오사카 최고라 불릴 만하다.

텐노지에 두 개의 지점이 있는데 본점은 노란색, 2호점은 빨간색의 전혀 다른 간판을 달고 있다.

민감한 사람들은 두 지점에 미묘하게 맛 차이가 있다고 하는데 일반인은 거의 느끼지 못할 정도이고,

비가 쏟아지고 있던 터라 가까운 2호점에서 타코야키를 포장했다.

사실 비주얼만 따지자면 파가 듬뿍 올려진 '하나다코' 네기마요에 비해

포장 용기에 담아온 야마짱 타코야키는 볼품없이 초라하다.

하지만 숙소에 도착해 무심하게 쿡 찍어 입에 넣는 순간 저절로 "맛있어!"를 내뱉고 말았다.

수분을 가득 머금은 부드러운 반죽이 터지듯 입안을 메우면서

마요네즈와 타코야키 소스가 기막히게 어우러져 딱 맞는 간이 된다.

약간 덜 익은 듯 흐르는 반죽을 일본인들은 '쥬시 ジューシー'라고 한다지!

소스를 뿌리지 않은 오리지널 타코야키도 이 집의 자랑이다.

닭 뼈와 함께 10여 가지 과일과 채소를 우린 육수에 다시마 · 가쓰오 육수를 섞어

생지를 만들기에 소스 없이 고유의 맛을 즐겨도 좋다.

포장해온 타코야키 8개가 순식간에 사라져버렸다.

화덕에서 갓 구운 빵의
향긋함

알베이커

위치 지하철 사카이스지혼마치역에서 도보 5분

주소 大阪市中央区南久宝寺町2-1-5

오픈 07:00~20:00(주말 · 공휴일은 08:00~)

가격 200~2,000엔

전화 06-6264-0632

홈피 www.eat-and.jp

혼마치역 부근을 자전거로 신나게 달리다가 오픈 바를 갖춘 유럽식 빵집을 발견했다.
요즘 치솟는 빵값을 생각하면 가격도 착한 데다가
제빵사가 화덕에서 직접 빵을 구워 쉴 새 없이 나르는 것도 참 마음에 든다.
갓 구운 빵 냄새가 매장 안을 가득 메워 빵 고르는 내내 기분이 좋다.
베이컨과 치즈로 만든 빵, 소보로와 아몬드가 얹어진 크루아상을 하나씩 집었다.
100엔이라는 놀랍도록 저렴한 아이스 아메리카노까지 주문해서 총 560엔.
웬만한 집의 커피 한 잔 값이다.
엄청나게 호들갑스러운 맛은 아니어도 난다긴다하는 빵집과 비교해서 전혀 빠질 게 없는 데다가
가격까지 저렴하니 이보다 더 좋을 순 없다.
그 때문인지 점심시간 주변 직장인들에게 인기가 좋다.
점심 땐 샐러드나 피자 등도 판매하는데 커피와의 세트 가격이 600엔을 넘지 않는다.
정오 무렵부터 몰려든 직장인 무리가 점심시간이 끝남과 동시에 썰물처럼 빠져나가는
광경을 매일 볼 수 있다.

'대야 우동'으로
오사카 평정

츠루통탄

위치 지하철 닛폰바시역에서 도보 5분
주소 大阪市中央区宗右衛門町3–17
오픈 11:00〜다음날 아침 08:00
휴무 연중무휴
가격 1,000〜2,000엔
전화 06–6211–0021
홈피 www.tsurutontan.co.jp

유독 맛집이 밀집한 도톤보리에서도 여러모로 독보적 존재감의 우동집.

수많은 우동 메뉴 중에서 달걀우동을 골랐는데 명성만큼 질그릇의 크기도 엄청나고 내공도 상당하다.

탄력 있는 면발과 부드러운 달걀 국물이 호로록 호로록 잘도 넘어간다.

우동 장인이 매일 온도와 습도에 따라 면발 반죽의 수분량, 염분 도수, 건조 정도를 조절하는데,

과연 그 정성과 내공이 놀라울 정도다.

목 넘김이 반들반들해서 '츠루츠루', 면을 가로 · 세로 탄력적으로 쳐서 '통통', 일정한 굵기로 뽑은 후

'탄탄' 잘라낸 면이라서 '츠루통탄'이라고 한다. 여러모로 이름값 하는 집이다.

시간이 멈춘 골목의
목각 소품 가게

only planet

온리플래닛

위치 지하철 나카자키초역에서 도보 5분
주소 大阪市北区中崎3-1-6
오픈 11:00∼20:00
가격 500엔∼
전화 06-6359-5584
홈피 onlyplanet.web.fc2.com

언뜻 평범하고 수수한 동네처럼 보이는 나카자키초는 사실 아기자기한 잡화점과 개성 있는 카페가 넘쳐나는 곳. 대형 쇼핑몰에 입점한 체인들에 익숙해져 있다가 이런 곳을 만나니 여간 반가운 게 아니다.

나카자키초를 여유롭게 거닐다가 온통 나무조각품으로 가득한 이곳에서 한참 머무르게 되었다. 동물 목각인형뿐 아니라 액세서리, 여러 생활용품이 다양해서 구경하는 재미가 쏠쏠하기 때문이다. 주인아저씨에게서 건네받은 명함에는 영업시간이 '아마도 11시부터 대체로 8시까지'라고 재치 있게 쓰여 있다. 시간에 구애받고 싶지 않다는 강한 의지가 느껴지는데, 칼같이 영업시간을 지키는 여느 일본인들과는 사뭇 다르다. 가게 한쪽 구석에서 동물 모양 장식품을 조물조물 만들고 있는 아저씨는 정말로 그런 자유로운 영혼의 소유자처럼 보였다.

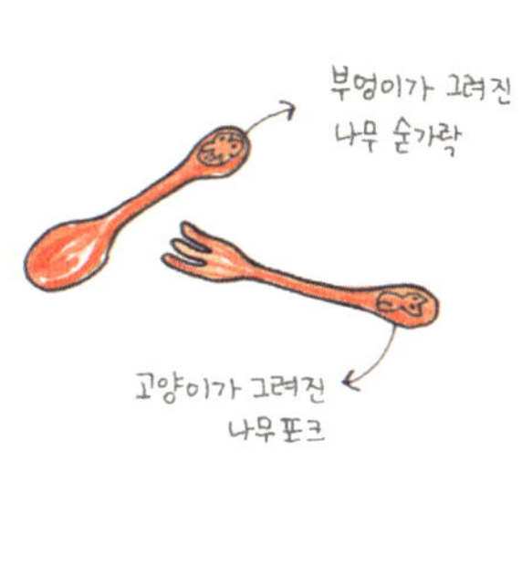

부엉이가 그려진
나무 숟가락

고양이가 그려진
나무포크

옆면에 작은 동물도장이
붙어있는 나무 조각풀

혼마치에 숨어있는
컬러풀 명품 카레

보타니카리

위치 지하철 혼마치역에서 도보 10분
주소 大阪市中央区瓦町4-5-3
오픈 11:00～16:00(재료 소진 시 영업 종료)
휴무 일요일
가격 카레 1,000～2,000엔(재료와 토핑에 따라)
홈피 https://twitter.com/BOTANICURRY1

'売り切り 모두 팔림'.

결국 가장 기대했던 맛집 앞에서 이런 안내문을 만나고야 말았다.

아주 좁은 골목 한구석에 있는 보타니카리의 인기는 듣던 대로 대단했다.

눈물을 머금고 돌아선 다음 날, 30분의 대기 끝에 드디어 진입에 성공.

재료가 소진되면 칼같이 문을 닫아버리는 이런 맛집들은 한편으로 야속하면서도

또 한편으로는 재료와 맛에 대한 강한 자부심 같은 게 느껴져서 좋다.

주방 벽면은 셀 수 없이 많은 향신료 병이 다닥다닥 붙어 있다.

메뉴는 카레뿐인데 치킨, 비프, 쉬림프 같은 메인 재료를 정한 후

매운 정도와 토핑을 고르면 된다.

나는 치킨 카레에 별 두 개의 매운맛, 직접 만든 크림치즈와 달걀 토핑을 추가했다.

잠시 후 화려하고 컬러풀한 카레 요리가 내 눈앞에 놓였다.

이토록 많은 재료가 이토록 조화로울 수 있다니….

한쪽 구석부터 살살 비벼가며 먹어나가기 시작했다.

다양한 야채와 크림치즈가 섞이면서 표현하기 힘든 오묘한 맛을 만들어냈다.

여러 재료와 소스의 조합으로 어느 부분을 먹느냐에 따라 맛이 확연히 달라졌다.

카레가 맞는데 또 카레가 아닌 느낌이다.

절인 채소가 아삭아삭 새콤하기도 하고 미즈나水菜 예부터 교토에서 재배했던 새싹 채소 와

양파가 만나면서 시원한 물맛이 나기도 한다.

접시 위의 모든 재료가 하나하나 카레와 어울리도록 절묘하게 맛을 다듬어 놓았다.

너무 기대하고 있던 집은 그 기대감 때문에 실망하기 쉬운데 보타니카리는

그 기대를 충분히 넘어서는 곳이었다.

진하지만 달지 않은
눈처럼 순수한 빙수

초콜릿연구소 (구, 와도 오모테나시 카페)

위치 지하철 요츠바시역에서 도보 8분

주소 大阪市西区新町1–9–14, 2F

오픈 12:00~20:00

휴무 부정기적

가격 700~1,500엔

전화 080–2505–8854

홈피 www.chocolathunter.com

현지인 친구가 추천해준 '와도 오모테나시 카페'를 힘들게 찾았는데 이런!

카페 이름부터 메뉴까지 다른 가게로 바뀌어 있었다.

창가를 향한 좌식 탁자와 주인장을 둘러싼 카운터석,

그리고 4인 식탁 하나가 놓여 있는 특이한 구조다.

다소 좁은 공간임에도 개방감이 있고, 어디에 앉아도 불편함이 없다.

오늘의 추천은 가토쇼콜라지만 나는 빙수로 결정.

기본적으로 딸기 빙수에 크림을 얹어주는데

마다가스카르 초콜릿, 홋카이도 우유, 그리고 프랑스 치즈,

이렇게 세 가지 크림 중 한 가지를 고를 수 있다.

이 크림은 특수 가스로 부풀려서 매우 부드럽다고 주인장의 자부심이 대단하다.

맛있는 스위츠 랭킹 블로그 ameblo.jp/sweetschihiro 를 운영하고 있는 주인장은

5년 동안 매일 3개 이상의 스위츠를 먹으며 끊임없이 달콤한 맛을 연구했다고 한다.

900엔짜리 초콜릿 빙수는 좀 비싸구나 생각할 수 있지만 받아 들면 혁 소리가 절로 난다.

생딸기 시럽과 얼음을 함께 갈아서 깔고

중간중간 슬라이스한 싱싱한 딸기를 넉넉하게 넣어뒀다.

시럽 색깔은 진하지만 단맛이 거의 나지 않고 향긋하다.

진한 설탕 맛에 가까운 우리나라 빙수들과는 무척 다른 맛이다.

초콜릿 크림도 카카오 향이 진할 뿐 달지 않아서

모처럼 칼로리 걱정 없이 순식간에 후루룩 먹어치웠다.

장소가 외진 데다 2층이라서 여행자들이 거의 들지 않는다는 주인장의 푸념이 무색하도록

한 번은 와볼 만한 꽤 수준 높은 디저트숍이다.

커피와 곁들이는
달콤한 카눌레의 표본

boulangerie takagi

브랑제리타카기

위치 지하철 히고바시역에서 도보 5분

주소 大阪市西区江戸堀1–5–1

오픈 08:00～19:00

휴무 일 · 월요일

가격 150～1,000엔

전화 06–4803–0008

내가 원하는 건 간단한 빵과 케이크, 음료를 판매하는 카페인데 혼마치 주변은 식사를 위주로 하는 카페가
많았다. 다시 난바나 우메다 쪽으로 가야 하나 고민하던 차에 발견한 작은 빵집. 밖에서 보기엔 그냥 소박한
동네 빵집인데 안쪽에 진열된 빵들은 제법 퀄리티 있다. 가격대는 크기와 관계없이 200엔대 전후이고,
커피도 판다. 나는 카눌레와 슈크림 위에 견과류가 듬뿍 얹어진 데니쉬를 커피와 함께 주문했다.
카눌레는 프랑스 과자의 일종으로 내가 매우 좋아하는 디저트 중 하나이다.
풀 네임은 카눌레 드 보르도 Cannele de Bordeaux로 보르도의 수도원에서부터 만들어지기 시작해서 붙은
이름이다. 달걀노른자를 충분히 써서 안쪽은 부드럽고 고소하지만 겉은 밀랍을 씌워 딱딱하다.
서로 다른 식감과 바닐라, 럼 향이 어우러져 형용할 수 없는 맛의 깊이를 만들어낸다.
커피와도 매우 잘 어울려 카눌레를 파는 커피숍이라면 나는 대개 그 두 가지를 함께 주문하는 편이다.
아담한 동네 빵집의 카눌레와 커피가 수준급이다.
이런 맛있는 즐거움 때문에 나는 여행을 계속하고 있는지도 모르겠다.

살짝 익혀 더 맛있는
스모크 스시

토키스시

위치 지하철 닛폰바시역에서 도보 7분

주소 大阪市中央区難波千日前4-21

오픈 11:00〜23:00(휴식 시간 14:00〜17:00)

휴무 한 달에 한 번 부정기 휴무

가격 1,000〜3,000엔

전화 06-6632-0366

홈피 www.tokisushi.jp

사실 이곳은 '다이닝 아지토'를 찾았다가 우연히 발견한 맛집이다.

하필 찾은 날이 부정기 휴무라 난감하던 차에

바로 두 집 건너 작은 스시집을 발견했다.

우니동 ウニ丼 성계덮밥 이나 카니동 カニ丼 게덮밥 도 근사해 보였지만

런치 메뉴로 인기 넘버원인 야키스시를 주문했다.

스테이크나 햄버거를 담을 법한 주물 철판접시에 불에 그을린 8개의 초밥이 담겨 나왔다.

새우, 가리비, 문어, 고등어, 연어, 도미 등 모양도 가지각색 참 예쁘다.

불에 그을린 밥알에서 풍기는 스모크한 향과 살짝 익은 생선의 신선한 맛,

거기에 생선의 특징에 맞추어 얹은 각각의 소스들이 만든 사람의 정성을 알게 해준다.

회를 별로 좋아하지 않는 이라도 충분히 도전할 수 있는 메뉴다.

무엇보다 다채로운 생선들의 식감을 하나하나 천천히 음미해보길 권한다.

커피와 고요함을
즐기는 카페

노오토커피

위치 지하철 타마츠쿠리역에서 도보 10분
주소 大阪市中央区上町1-6-4
오픈 10:00〜18:00
휴무 화요일, 셋째 월요일
가격 500〜2,000엔
전화 06-4304-2630

유리창 너머로 길 가는 사람들을 가만히 구경하는 시간을 무척 좋아한다.

누군가와 함께하며 정신없이 떠들고 쉴 새 없이 돌아다니는 것도 좋지만

엉뚱한 생각으로 머릿속을 가득 채우며 맛있는 커피와 케이크를 한가롭게 즐기는 것 또한 여행의 재미다.

노오토커피는 이렇게 창가에 앉아 조용히 커피를 마시기에 딱 좋은 곳이다.

누군가 내 귀에 음소거 버튼이라도 누른 것처럼 정말 아무런 소리도 들리지 않을 만큼 고요하다.

간혹 손님들의 느리고 조용한 동작만 느껴질 뿐….

블루베리 시럽이 근사하게 얹어진 치즈케이크는 트집 잡을 만한 게 하나도 없다.

너무 진하지도, 싱겁지도, 달지도, 텁텁하지도 않다.

시럽을 넣지 않고도 맛있는 카페라떼는 정말 오랜만이다.

커피의 쓴맛을 잡아주는 아주 적절한 선에서 우유의 양이 절묘하게 멈춰 있다.

이렇게 맛있는 커피에 감탄하고 있는데, 내 앞에서 손님 둘이 약속이나 한 듯 약간의 시간 차를 두고 카페를 나선다.

행여 다른 손님에게 피해가 갈까 문을 여닫는 조심스러운 몸짓이 너무 똑같다.

누구라도 할 것 없이 '음소거 몸짓'을 하게 되는 이 카페에서는 한동안 멍하니 그 고요함을 즐겨도 좋다.

폭신폭신 달콤한
구름 같은 샌드

8bdolce

8B돌체

위치 지하철 요도야바시역에서 도보 7분

주소 大阪市北区曽根崎新地1–1–47

오픈 월~금요일 11:00~다음날 새벽 02:00, 토요일 11:00~23:00

휴무 일요일 · 공휴일

가격 300~1,000엔

전화 06–6344–9987

홈피 www.8bdolce.com

플레인

진한 우유 크림으로 탄력있게
구워낸 플레인 붓세 샌드.

자전거를 타고 오사카역 근처의 라멘집으로 향하던 중
스마일 그림이 그려진 큼지막한 간판이 눈에 띄었다.
식사하러 가는 길이라 애써 외면하려 했지만
결국 뒷걸음질로 돌아와 스트로베리 밀크 샌드를 주문해버렸다.
그리고 받아들자마자 그 자리에서 덥석 한 입 먹었다.
이런 건 차가울 때 바로 먹어야 한다는 걸 경험으로부터 알고 있다.
크림을 감싼 폭신한 샌드의 빵은 잘 만든 시폰 케이크의 식감.
딸기 향이 아스라이 기분 좋을 만큼 감돈다.
"전 세계 사람들이 웃는 모습이 되도록, 그러려면 우선 당신부터 웃을 수 있게."
8B돌체의 모토대로 가던 길을 다시 가는 내 얼굴에 절로 미소가 번진다.

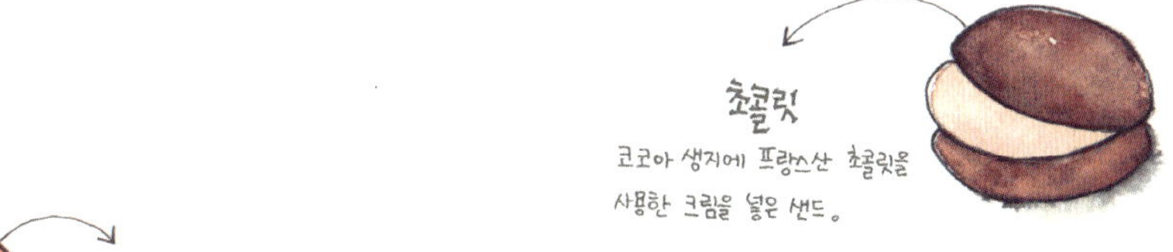

초콜릿

코코아 생지에 프랑스산 초콜릿을
사용한 크림을 넣은 샌드.

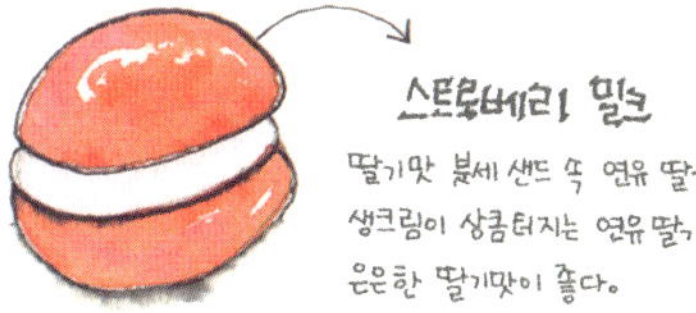

스트로베리 밀크

딸기맛 붓세 샌드 속 연유 딸기
생크림이 상큼터지는 연유 딸기.
은은한 딸기맛이 좋다.

돼지 뼈로 우린
돈코츠라멘의 진수

하카타잇코샤

위치 JR 오사카역 마루세 오사카 1층
주소 大阪市北区梅田3-1-1
오픈 11:00~23:00
휴무 연중무휴
가격 900~1,500엔
전화 06-6348-1228
홈피 www.ikkousha.com

하카타잇코샤는 '일본 3대 라멘'으로 꼽히는 유명한 돈코츠라멘집이다.

본래 오사카가 아니라 후쿠오카가 본점인데,

웬만한 사람들에게는 알려질 대로 알려진 체인으로

일본 전역을 비롯해 해외에까지 매장이 있고 그중 하나가 오사카역에 자리 잡고 있다.

식사 시간이 아니라 한산한 시간, 추천 메뉴의 티켓을 뽑아 점원에게 건네주니

매뉴얼대로 후다닥 조리한 라멘을 내어준다.

커다란 그릇에 숙주와 파가 수북이 올라 있고, 주변으로 얇은 차슈가 놓여 있다.

보통 면을 주문했는데 소면처럼 다소 얇고,

진하다 못해 걸쭉한 국물은 '난 돼지 뼈로 만든 거야'라며 존재감을 확실히 어필한다.

돈코츠 특유의 맛이 고소함을 충분히 살렸고

누린내와 느끼함은 파가 잡았다.

좀 짭짤하지만 삿포로에서 먹었던 라멘들에 비하면 양호한 편이다.

국물을 떠먹을수록 하얀 쌀밥을 말아먹고 싶은 생각이 간절해진다.

한국인 누구라도 좋아할 만한 구수하고 진한 맛이다.

고슬고슬 돌솥밥으로
정갈한 점심 만찬

스이교무라바야시

위치 JR 키타신치역에서 도보 5분
주소 大阪市北区堂島1–2–17 大日ビルB1F
오픈 12:00〜13:30, 17:30〜23:00(런치 정식은 월·수·금요일만 가능)
휴무 일요일 · 공휴일
가격 런치 정식 1,650엔
전화 06–6344–3909

기타 오사카에는 비즈니스맨들의 유흥가 '키타신치'가 있다.

고급 식당이나 바, 요정, 살롱 등이 밀집해 있으며

미슐랭의 '별'을 단 식당들도 심심치 않게 만날 수 있다.

특히 미슐랭 레스토랑이 꽤 많아서 원 스타는 흔하고

쓰리 스타쯤 돼야 인정해준다는 말이 있을 정도다.

당연히 가격대도 높은 편인데 런치 메뉴는 다소 저렴해서 즐겨볼 만하다.

찾고 있는 레스토랑은 간판도 작고 지하에 있어서 발견하기 쉽지 않았다.

생각해보니 이런 곳은 어쩐지 장사하는 걸 굳이 드러내고 알리지 않는 것 같다.

많이 팔 생각도 없고 조용한 곳에서 그저 정성껏 식사를 준비할 테니

먹고 싶으면 예약하고 와서 드시고 가세요, 그런 느낌이랄까.

점심 메뉴는 '런치 정식' 한 가지로 계절마다 신선한 제철 재료를 사용해 요리해준다.

30분 후 밥상이 차려졌는데, 얼음 위에 올린 두툼한 스시와 정갈하고 깔끔한 반찬 세 가지,

가츠오부시를 올린 연두부가 함께 나왔다.

조금 뒤엔 커다란 질냄비에 밥을 해서 솥째 가져다준다.

이 솥밥이 고슬고슬한 게 그렇게 맛있을 수가 없다.

언젠가 일본 드라마에서 쌀밥을 지으며 모양이 예쁘지 않은 쌀들을 골라내는 장면을 본 기억이 있는데,

아마도 이런 마음가짐과 정성의 비유가 아니었을까.

밥을 다 먹고 나니 아주머니가 솥을 가져가 누룽지를 솥에서 깔끔하게 분리해주신다.

이런 세심함까지 무척 마음에 든다.

딸기 향이 향긋한
크리미 푸딩

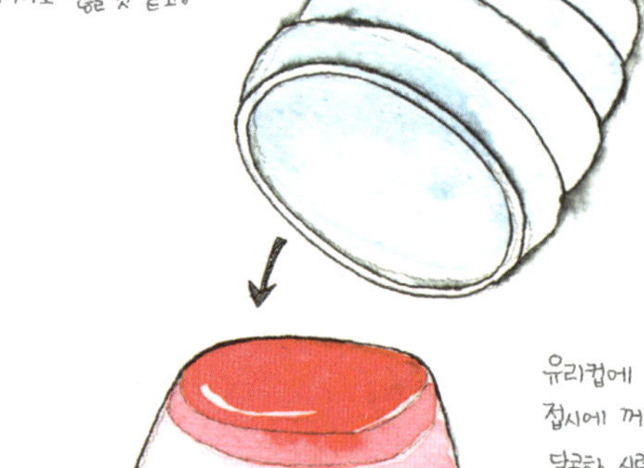

모로조프

위치 한큐 우메다역에서 연결, 한신백화점 지하 1층 푸드코트

주소 大阪市北区梅田1丁目13-13 阪神梅田本店

오픈 10:00∼20:00(백화점 영업 시간에 따름)

가격 커스터드 푸딩 216엔, 덴마크 크림치즈케이크 1,080엔,
　　　수제 초콜릿 세트 1,000∼5,000엔

전화 06-6345-1201

홈피 www.morozoff.co.jp

JR 오사카역 주변은 6개의 전철 · 지하철 역이 지나고
주요 건물이 지하도를 통해 연결돼 있다.
그중에서도 한큐 · 한신백화점의 지하 푸드코트는
나처럼 디저트를 좋아하는 사람에겐 천국과도 같은 곳이다.
예쁘고 맛있어 보이는 쇼트케이크가 수두룩하지만
가장 먼저 나의 발길을 멈춘 것은 '모로조프'의 푸딩!
'텔레비전에 소개되었습니다'라는 팻말을 달고 있는 컬러풀한 푸딩은
물 컵으로 쓰면 딱 좋을 것 같은 투명하고 묵직한 유리컵 안에 담겨 있다.
사실 모로조프의 태생은 고베이다.
오사카뿐 아니라 일본 전역에 진출해 있는 모로조프는 푸딩뿐만 아니라 케이크도 인기 있고,
1932년 일본에서 처음 발렌타인 초콜릿을 출시한 것으로도 유명하다.
일본에서 워낙 인기 있는 푸딩이니 어디 가도 먹을 수 있겠지 했다가
결국 못 먹고 후회한 적이 많아서 이번만큼은 푸딩 몇 개를 냉큼 집어 들었다.
딸기 향이 향긋하게 살아있는 딸기 푸딩은 상큼하진 않지만
크리미하면서도 살짝 탱글탱글한 식감이 매력이다.
커스터드 푸딩은 타 브랜드에 비해 달걀 향이 강하고,
글래스 젤리는 새콤달콤 탱글탱글한 최상의 맛을 뽐내고 있다.

생활여행자의
액세서리 숍

sristi

스리스티

위치 지하철 나카자키초역에서 도보 5분
주소 大阪市北区中崎西1-7-10
오픈 12:00~18:00
휴무 부정기적
전화 080-1467-0589
홈피 sristi.sblo.jp

스리스티는 언뜻 봐서 가게인지 알 수 없는 곳이다. 간판조차 딱히 눈에 띄지 않는 이곳이 액세서리숍인 것을 알아차린 건 출입문에 걸려 있는 조그만 소품이 너무 귀여워서 안쪽을 빠끔히 들여다보고 난 후였다. 앙증맞은 액세서리들을 따라가다 보니 어느덧 가게 안으로 들어와 있었다. 천연염색 천으로 만든 옷과 가방들, 동남아를 연상시키는 목걸이와 팔찌, 나무를 조각해 만든 각종 장식품들이 눈길을 끈다. 어딘지 모르게 투박한 느낌의 동물 조각품들은 들여다볼수록 정감 있다.

마음에 드는 팔찌를 골라 카운터 쪽으로 다가가니 전시된 액세서리 분위기와는 180도 다른, 터프한 주인아저씨가 계산해주신다. 주인아저씨는 동남아시아 여행을 무척 좋아하신다고 했다. 그렇게 발리 등을 수시로 드나들며 잡화 취급을 하게 된 모양이다. 블로그를 직접 운영하고 있는데 부정기 휴일을 알리는 역할이 큰 것을 보면, 생활에 스며든 그의 여행 습관을 알 것 같다. 여행자의 설렘과 자유로움이 그대로 묻어나는 숍이다.

OPEN

맥주와 환상 궁합,
바삭한 쿠시카츠

에치겐

위치 지하철 에비스초역에서 도보 7분

주소 大阪市浪速区恵美須東2-3-9

오픈 12:00~21:00

휴무 목요일

가격 쿠시카츠 개당 90~300엔(맥주 포함 전체 예산 2,000~3,000엔 정도)

전화 06-6631-2696

오사카에는 수많은 쿠시카츠집이 있다.

쿠시카츠는 고기나 해산물, 채소 등에 튀김옷을 입혀 꼬치에 꽂아 튀겨낸

일본 요리로 맥주와 환상 궁합을 자랑한다.

미슐랭의 별을 단 고급스러운 레스토랑에서

엄청난 체인을 자랑하는 대중적인 선술집까지 먹을 수 있는 곳은 다양하지만

나의 선택은 서민적인 분위기의 에치겐.

카운터를 향해 다닥다닥 붙은 동그란 의자가 기껏해야 10개도 되지 않는 작은 가게다.

사람들과 부딪히지 않고 들어가는 게 애초에 무리라서 "스미마셍"을 연발할 각오를 해야 한다.

공간이 다소 좁아서 주인장이 쿠시카츠를 만드는 모습을 코앞에서 볼 수 있고,

대부분 100엔 내외의 쿠시카츠로 '가성비'가 좋아 입맛을 당긴다.

맥주와 곁들이고 싶은 쿠시카츠를 잔뜩 시켰더니, 조그맣고 귀여운 쿠시카츠가 차례차례 튀겨져 나왔다.

잘게 부순 빵가루를 얇게 입힌 각각의 쿠시카츠를 새콤달콤한 소스에 찍어 먹으며 연신 "맛있다"를 연발!

주인장은 만들고 있던 달걀샐러드고로케를 넌지시 건네주었다.

보아하니 메뉴에도 없고 주인장이 서비스 차원에서 준 것 같다.

방금 튀긴 바삭하고 부드러운 빵 속에 마요네즈와 버무린 달걀이 고소하다.

내가 맛있게 먹는 모습이 뿌듯했는지 주인장은 달걀샐러드를 섞은 볼을

내 자리에 놓으며 치킨카츠에 얹어 먹으라고 권한다.

이건 뭐, 10년 단골집에 온 기분이다.

추억의 다방에서
따듯한 한 끼

denen

덴엔

위치 지하철 에비스초역에서 도보 7분

주소 大阪市浪速区恵美須東2-3-22

오픈 12:00〜21:00(식사는 13시부터, 야키코리는
　　　전날 예약 후 당일 15시부터 가능)

휴무 목요일

가격 600〜1,000엔

전화 06-6632-7774

천천히 신세카이의 골목을 걷다가 꽤 오래돼 보이는,

그래서 카페라기보다 다방에 가까운 곳을 발견했다.

전면에 연예인 사인과 메뉴판이 빽빽하게 붙어 있어서 안 그래도 정신없는데,

여기에 더해 가게를 오픈하는 아주머니가 입간판을 늘어놓는다.

내부도 겉모습과 다르지 않아서 엄청 올드하다.

한쪽으로 작은 무대와 스탠드 마이크가 마련돼 있고,

방송국에서 촬영했던 사진을 여기저기 걸어놓은 것을 보니

낡은 건물만큼 오랜 전통과 인기가 이어져 온 게 실감이 난다.

엄청나게 많은 메뉴 중에 돈카츠 하야시라이스를 주문했다.

넓은 접시에 동그랗게 밥을 담고, 그 위에 하야시라이스를 뿌린 뒤 돈카츠를 살포시 얹었다.

강하고 인공적인 맛이 없는 대신 꾸밈없이 수수한 맛이 자꾸 입맛을 당긴다.

사실 이 집은 야키코리焼氷라는 메뉴가 꽤 유명하다.

에스프레소 컵에 넘치도록 크림을 담고 럼주를 뿌린 뒤 불을 붙여주는, 재미있는 메뉴다.

파란 불꽃을 뒤집어쓴 커피잔이 무척 흥미로운데,

컵 안에는 커피시럽, 빙수, 냉동 딸기가 차례로 들어있다.

단, 당일 주문을 받지 않고 전날 예약해야 한다고 하니

이 맛을 확인해보고 싶어서 다음 오사카 여행에 다시 와봐야할 것 같다.

유기농 재료로 만든
건강한 도넛

floresta

플로레스타

위치 지하철 시텐노지마에유히가오카역에서 도보 3분

주소 大阪市天王寺区四天王寺1-12-28

오픈 10:00~19:00

휴무 부정기적

가격 네이처 130엔, 소금 캐러멜 180엔, 동물 도넛 240~360엔

전화 06-6770-0088

홈피 www.nature-doughnuts.jp

시텐노지에서 열리는 벼룩시장에 들렀다 오는 길이었다.

도넛 가게 앞에서 아이와 엄마가 실랑이를 벌이다가

결국 쇼케이스로 뛰어가는 아이에게 엄마는 "딱 한 개만이야!"라고 외친다.

이곳은 2002년 마에다·유리코 부부가 아이에게 안심하고 먹일 수 있는 건강한 도넛을 만들고 싶다는 생각으로

문을 연 도넛 가게다. 오사카, 나라 등의 벼룩시장을 이동식 차량으로 돌아다니며 판매하다가

이제는 매장을 열고 도넛을 비롯해 빙수, 쿠키 등을 선보이고 있다.

쇼케이스에는 네이처, 슈가, 초콜릿 등 9종의 기본 도넛들이 먹음직스럽게 전시돼 있다.

귀엽고 앙증맞은 동물 모양 도넛들도 있는데

2010년 '이런 도넛이 있으면 좋겠다' 콘테스트에서 탄생한 도넛들이라고 한다.

기본적으로 화이트 초콜릿 베이스에 호박, 녹차, 딸기 등 유기농 재료를 섞어 도넛에 입힌다니

다소 죄책감을 느끼며 먹었던 보통의 도넛보다 확실히 안심이 된다.

종류와 상관없이 작고 가벼우면서 많이 달지 않고 부드러워서 아이에게도, 어른에게도 건강한 간식이다.

두유 푸딩과 웰빙 밥상

sangmi

상미

위치 지하철 아베노역에서 도보 1분
주소 大阪市阿倍野区阿倍野筋2-4-39
오픈 11:00~21:00(휴식 시간 15:00~17:30)
휴무 일요일
가격 런치 정식 885엔, 디너 정식 1,026엔,
　　　 두유 푸딩 432엔
전화 06-6622-2135
홈피 www.sangmi.jp

싱거우면서 맛있으려면 재료가 정말 좋아야 하는데 이곳의 밥상이 그렇다.

바깥 밥을 사 먹다 보면 으레 달고 짠 맛에 중독되기 쉬운데,

의식적으로 피해야겠다고 생각하다 보면 역시 좋은 재료로 간소하게 조리하는 음식이 답이다.

'상미'는 저칼로리·저인슐린, 헬시 플레이트 등 메뉴 이름만 봐도

어떤 요리를 내놓을지 가늠이 되는 자연식 레스토랑으로

소금, 달걀, 물과 더불어 밥 짓는 곡식을 가장 중요하게 생각한다고 한다.

런치 정식을 주문했더니 아니나 다를까 싱그러운 초록 밥상이 차려졌다.

평소 생야채에 달콤한 소스를 뿌린 샐러드와 따끈한 밥은 별로 어울리지 않는다고 생각하는데,

애피타이저로 즐긴 후 밥을 뜨는 순서로 먹었더니 괜찮다.

수수밥에 살짝 간을 하고 검은깨를 뿌린 밥은 씹을수록 고소하고 맛있다.

여러 찬도 요사이 먹은 밥상 중에 염분 함량이 가장 낮은 것 같다.

싱거운 미소시루와 더 싱거운 가라아게 からあげ 일본식 닭튀김는

일본에서 처음 먹어보는 것 같다.

새우가 놓인 해초무침과 부드러운 연두부도 맛있지만

이 집의 베스트는 역시 두유 푸딩.

흑설탕 소스를 쓱쓱 뿌려 한 입 떠 먹으면 그 고소함과 부드러움, 달달함까지

무척이나 맛있고 건강하게 느껴진다.

나 홀로 푸짐한
오코노미야키

포장해 가는 사람들과 대기하는
사람들을 위해 놓아둔 의자들.
순식간에 붐볐다가 순식간에
사라지곤 한다.

창업주와 관련 사람들이
함께 찍은 오래된 사진이
가게 밖 유리문 달린 공간안에
소중히 붙어있다.

후쿠타로

위치 지하철 닛폰바시역에서 도보 5분
주소 大阪市中央区千日前2-3-17
오픈 평일 17:00~다음날 새벽 01:00, 토 · 일요일 · 공휴일 12:00~24:00
가격 돼지고기+파 오코노미야키 980엔, 기타 단품 안주 500엔~
전화 06-6634-2951
홈피 http://2951.jp

홀로 여행할 때의 단점 중 하나가 선뜻 선술집에 들어가기 망설여진다는 거다.

혼자서도 거리낌 없이 레스토랑 만찬을 즐길 정도는 단련이 되었는데,

그야말로 잡담이 최고의 안주인 이곳에서 홀로 맥주를 마실 수 있을까?

하지만 오사카에 와서 오코노미야키를 못 먹고 간다는 건 말이 안 되지, 라는 생각에

어둑해질 무렵 혼자 후쿠타로를 찾아갔다.

후쿠타로는 최상급 고베 소고기와 가고시마 돼지고기, 오사카 중앙시장에서 선별한

싱싱한 해산물을 사용하는 오코노미야키 맛집이다.

이미 10여 년 전부터 일본의 맛집을 소개하는 방송에 수없이 등장했고,

오사카를 여행하는 일본인들도 일부러 찾아올 만큼 명성이 대단한 곳이다.

가장 인기 있다는 '돼지고기+파' 오코노미야키를 주문하고

기다리는 동안 눈앞에서 구워지는 여러 종류의 오코노미야키를 구경했다.

정신없이 양배추와 달걀, 묽은 반죽을 퍼나르는 광경이 생동감 넘친다.

얇은 반죽 위에 양배추를 쌓아 올리고 다시 두툼한 삼겹살을 올린 후 은근하게 익힌다.

바로 옆에서 달걀을 깨고 그 위에 익은 오코노미야키를 뒤집어 올린 뒤, 다시 한 번 뒤집는다.

특제 소스를 바르고 마요네즈를 뿌린 뒤 약간의 파슬리를 올려주면 끝.

마지막으로 받침 위에 살포시 얹어져 손님상으로 간다.

조심스럽게 뜯어서 맛보니 타코야키처럼 안쪽의 반죽이 엄청나게 촉촉하다.

보들보들 '쥬시ジューシー'한 반죽과 사각사각 식감이 살아있는 양배추, 고소하게 익은 삼겹살이

소스와 함께 입안에서 섞이면서 최상의 맛을 빚어낸다.

거기에 맥주 한 모금 곁들이니 캬~.

정말이지 이거 안 먹고 돌아갔다면 크게 후회할 뻔했다.

숯으로 로스팅한
진한 원두 커피

커피관

위치 난카이 난바역에서 도보 5분

주소 大阪市浪速区日本橋3-7-8

오픈 24시간

휴무 연중무휴

가격 숯불 커피 510엔, 숯불 커피 디카페인 610엔,
　　　커피와 핫케이크 세트 1,100엔, 카레 · 스파게티 등 런치 1,000엔대

전화 06-6631-4500

홈피 www.kohikan.jp

외관이 예스러운 일본의 고급 찻집 분위기인데,
알고 보니 일본 전역에 200개가 넘는 체인을 가진 카페였다.
떠올려보니 일본 이곳저곳에서 봤던 기억이 있는 카페다.
지점별로 분위기가 워낙 달라서 같은 체인인 줄은 몰랐는데
40~50년 전부터 체인화되기 시작해 시대별 특징이 묻어나는 것 같다.
무엇보다 커피의 품질을 중시하여 양질의 커피콩을 엄선하는데,
특이하게도 키슈 지방의 기장탄을 사용해 숯으로 로스팅한 원두 커피를 내린다.
커피 마니아들이 많아지면서 단연 커피를 즐기는 종류와 방법도 다양해지고 있지만
'숯불 커피'는 또 처음이다.
커피와 팬케이크 세트를 주문했다.
커피는 향이 풍부하진 않지만 맛이 진하면서 나름대로 부드러운 매력 있다.
동그란 팬케이크 옆에는 아이스크림, 딸기 절임이 놓여 있고,
유리로 된 작은 그릇에는 버터 한 조각, 귀여운 시럽 포트에는 메이플시럽이 담겨 있다.
시럽을 커다란 펌핑 통에 담아 두는 보통의 카페에 비하면 이 얼마나 성의 있는 차림인가.
정작 입에서 살살 녹는 구름 같은 펜케이크가 아니라 조금 퍽퍽했지만
커피와 만났을 땐 꽤 괜찮은 조합이었다.

직화 향 그윽한
소문난 스테이크

다이닝아지토

위치 난카이 난바역에서 도보 5분

주소 大阪市中央区難波千日前4-20

오픈 런치 11:30~14:00, 디너 17:00~23:30

휴무 부정기적

가격 단품 요리 600엔~3,000엔,
　　　 코스 요리 3,500엔~5,000엔

전화 06-6633-0588

홈피 www.dining-ajito.com

다이닝아지토는 전국에서 공수한 엄선된 식재료를 사용해 수준급 요리를 선보이는 곳으로
현지인들 사이에서도 유명하다.
무농약 사료로 키운 소와 오리, 신선한 채소와 해산물로 조리하는데,
그 중 스테이크의 인기는 단연 최고다.
900엔짜리 하라미 はらみ 쇠고기 안창살·토시살에 해당하는 부위 는 오픈 시작과 함께
매진돼 로스 스테이크 도시락으로 주문했다.
그릴 위에서 스테이크를 구우며 화려한 불쇼를 보여주는 셰프의 퍼포먼스에 비하면
차림새는 다소 소박하지만 맛만큼은 역시 일등급이다.
소스를 뿌려 스테이크 한 조각을 입에 넣어보니 직화 향이
그윽하면서도 부드럽고 깊은 맛이 난다.
안쪽까지 바싹 익힌 상태가 아니라 촉촉하게 육즙이 살아있고
방금 지은 따끈한 쌀밥과의 궁합도 좋다.

초콜릿 명장의 자존심

에크츄아

위치 지하철 마츠야마치역에서 도보 1분

주소 大阪市中央区谷町6-17-43

오픈 11:00~22:00

휴무 수요일

가격 1,000~2,000엔(세트 주문 시)

전화 06-4304-8077

홈피 www.ek-chuah.co.jp

1986년 오사카 신사이바시에 에쿠츄아를 오픈한 쇼콜라티에 우에마츠 히데오 아저씨는
"초콜릿으로 유럽을 재현하는 게 아니라 일본의 기후와 풍토 속에서
일본인에게 가장 맛있는 초콜릿을 만들고 싶다"고 했다.
이런 초콜릿 명장의 혼이 살아있는 앤티크 건물에서
장인이 만든 수제 초콜릿을 맛볼 수 있다면 그냥 지나칠 수 있겠는가.
입구에 들어서자 화려하고 컬러풀한 초콜릿 쇼케이스가 한눈에 담긴다.
위층으로 통하는 나무 계단에 오르면 커피와 초콜릿을 즐길 수 있는 공간이 있다.
수제 초콜릿과 커피의 세트 메뉴를 주문했다.
테이블에 앉으면 서비스로 주는 생초콜릿도 매우 훌륭하지만
화려한 프라린praline 견과류, 과일 등을 설탕에 절어 첨가한 초콜릿을 꼭 맛보고 싶어
하트 모양의 시트론 초콜릿과 동그란 체리봉봉 초콜릿을 주문했다.
개당 324엔이나 하는 자그마한 초콜릿이 맛없으면 용서할 수 없지!
싸하게 상큼한 시트론 초콜릿과 진한 위스키 맛이 입안 가득 퍼지는 체리봉봉은
순식간에 기분을 좋아지게 한다.
가게 밖을 나서면서 이어지는 카라호리 거리는
오사카 대공습을 피한 목조 건물과 옛 골목 풍경이 자연스레 어우러져 느릿하게 걷기에 좋다.

카라호리 거리의
복고풍 복합 쇼핑몰

len

렌

위치 지하철 마츠야마치역에서 도보 1분
주소 大阪市中央区谷町6-17-43
오픈 11:00~20:00(일부 점포 다름)
휴무 수요일
홈피 www.len21.com

카라호리 거리의 숨은 명소인 렌은 쇼와시대의 건물을 그대로 살려 복합 쇼핑몰로 개조한 공간이다. 2012년 12월 유형문화재로 등록된 이곳은 옛 건물을 철거하지 않고 그대로 유지하면서 쇼핑몰로 조성한 것이라 더욱 의미가 깊다. 대문을 넘으면 마당과 이어진 공방, 상점, 카페 등이 툇마루에 올라 있다. 14개의 다양한 숍이 모여 있는데 앞서 소개한 '에크츄아'를 비롯해 크레페 카페인 '이모안' 등도 인기가 많아서 간단히 티타임을 가지거나 개성 넘치는 숍을 구경하기에도 좋다.

렌練은 고대의 비단練絹, 또는 숙달練達을 의미한다. 끊임없는 노력과 깊은 경험을 통해 탁월한 기술과 지식을 습득한 사람을 '숙달 선비'라고 하는데, 비단 만드는 과정 또한 그러하니 이런 풍부한 경험을 쌓는 것에 의미를 둔 이름이다. 옛 민가가 경험해 온 세월의 흔적을 고스란히 안고 있는 이런 감성적인 장소에서 달콤한 티타임 후 홀로 차분히 산책하는 기분이 무척 남다르다.

開運
しあわせラーメン
大吉
しあわせ らっぷい ラーメン
名物 トロコツ体のせ
旨 とろけるチャーシュー
今井
宝

鴨ねぎすき鍋

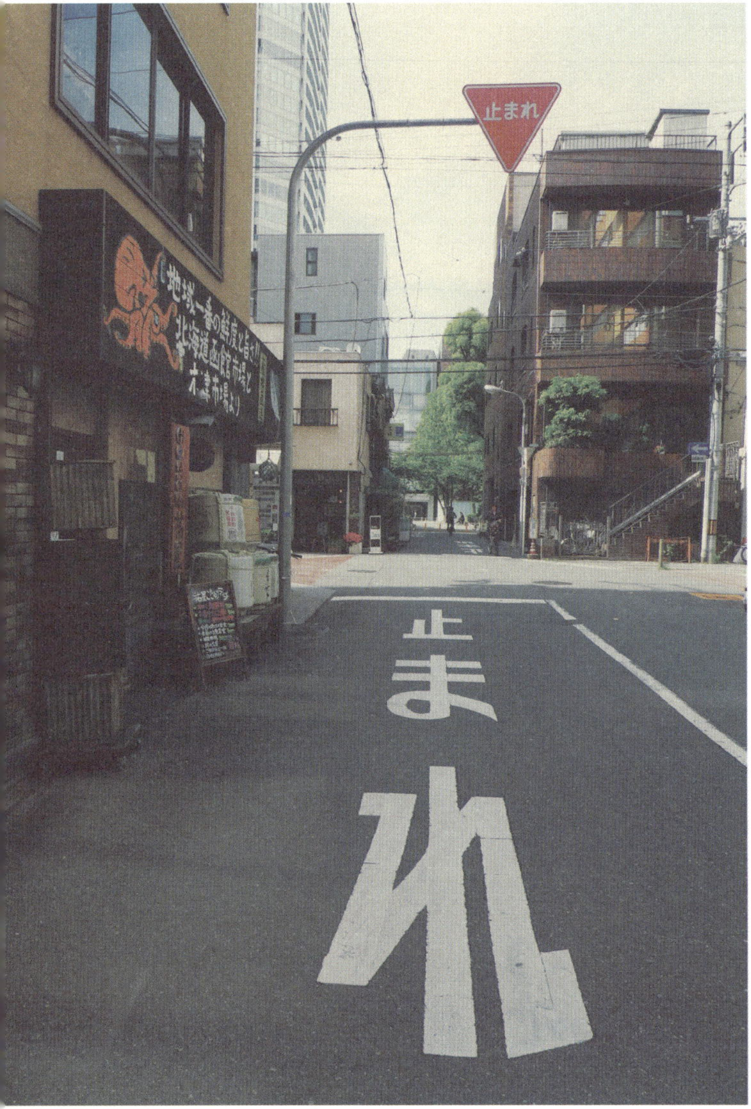

止まれ

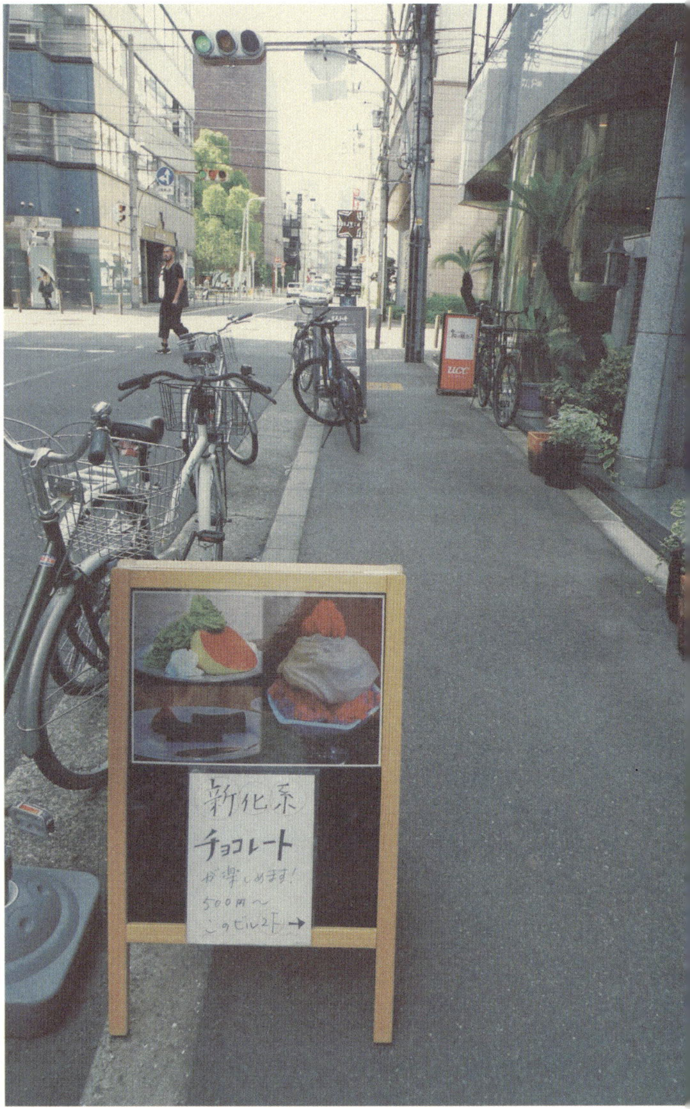

新化系
チョコレート
お楽しめます！
500円〜
このビル2F →

二年坂
京都 二年坂。

KYOTO

교토

노릇노릇 두툼한
차슈 듬뿍 라멘

sennokaze

센노카제

위치 한큐 가와라마치역에서 도보 3분
주소 京都市中京区新京極通四条上ル中之町580
오픈 12:00~22:00
휴무 월요일(월요일이 공휴일인 경우 화요일 휴무)
가격 교노시오라멘 830엔, 세트 메뉴 1,080~1,700엔 ※카드 사용 불가
전화 075-255-0181
홈피 www.ramensennokazekyoto.com

북적이는 테라마치 아케이드 뒷골목에 자리한 라멘집 이름은 센노카제千の風, 천의 바람이라는 뜻이다.

때를 놓쳐 급한 대로 뭐라도 먹자 싶어 찾아낸 집인데 오후 3시 30분에도 여전히 번호표를 받아야 했다.

기다리는 동안 일본 최고의 맛집 사이트인 타베로그를 뒤져보니

'라멘 랭크'에 올라 있는 인기 맛집으로 몸에 좋은 안전한 재료로 만든 자연식 라멘을 지향한다고 한다.

좌석이 몇 개 되지 않는 좁은 내부엔 깡마른 아줌마 둘이 영어, 일본어, 중국어, 한국어를 섞어가며 주문을 받고 있다.

덕분에 가게 안은 다국적 사람들이 다양한 라멘을 즐기는 분위기.

라멘 종류는 고르기 힘들 만큼 다양해 보이지만 들여다보면 패턴이 있다.

소금, 간장, 된장, 매운 된장 중 한 가지를 베이스로 한 라멘과 츠케멘つけ麺 면을 국물에 찍어 먹는 일본식 국수 이 기본.

거기에 밥이나 교자 등을 곁들여 선택하면 된다.

나는 소금 베이스의 시오차슈라멘 공깃밥 세트를 주문했다.

인기 1위의 명성에 걸맞은 두툼하고 노릇한 차슈가 먹음직스럽다.

겉을 살짝 그을려 바삭한 맛도 있지만 한 입 베어 물면 담백한 부드러움이 입안을 감싼다.

진한 국물 속에 아삭아삭한 숙주도 느끼함과 짠맛을 누그러뜨린다.

옆에 앉은 일본인 학생은 맛있는 라멘을 먹기 전에 어떤 의식을 치르는 듯하다.

밥과 식기를 세팅한 다음 젓가락을 들고 기도하듯 눈을 감고 묵례하더니

국물을 한 입 맛보고 면을 조금 집어 조곤조곤 씹어 음미하더니 신음을 토한다.

그리고는 만족스러운 미소를 짓고 본격적으로 그릇에 얼굴을 바짝 대고 후룩후룩 먹기 시작한다.

어쩌면 맛있는 라멘을 더 맛있게 즐기는 노하우는

이처럼 한 그릇에 담긴 정성을 존중해주는 태도가 아닐까, 잠시 생각했다.

장 보는 김에 입맛 다시는
시장통 타코야키

카리카리박사

위치 한큐 가와라마치역에서 도보 7분(니시키시장)

주소 京都市中京区錦小路通柳馬場東入ル東魚屋町185-6

오픈 평일 11:00~20:00, 토 · 일요일 · 공휴일 10:30~20:00

휴무 부정기적

가격 점보 타코야키 200엔, 네기 붓카케 260엔

전화 075-212-0481

홈피 www.kyoto-nishiki.or.jp/stores/karikarihakase/index.html

'교토의 부엌'이라 불리는 니시키시장은 역사가 400년도 더 된 초고령 재래시장이다.

약 400m의 좁은 골목 양옆으로 상점들이 빈틈없이 붙어있는데

특히 점심시간 무렵에는 엄청난 관광객들이 김밥 속 마냥 꽉 차서 떠밀려 다니기 일쑤다.

하지만 막상 용감하게 인파 속에 뛰어드니 온갖 군것질거리로 가득한 그곳이 여간 재밌는 게 아니다.

어느덧 양손엔 지나온 가게들의 흔적인 비닐봉지가 바리바리 들려 있었지만,

그러고도 참새가 방앗간을 못 지나치듯 타코야키 가게를 보자마자 망설임 없이 들어갔다.

오사카의 여느 타코야키 매장과 다른 것은 '덜' 전투적인 분위기라는 거다.

타코야키의 본고장인 오사카에서는 유명세만큼이나 만드는 사람과 먹는 사람 모두 목숨 건 듯 열정적이었다.

하지만 교토 시장통의 타코야키 매장은 오다가다 잠깐 요기하는 가벼운 간식거리로 여기는 듯하다.

장 보다가 출출해진 아주머니가 혼자 들어오거나 하굣길 학생들이 우르르 몰려와 한 접시씩 받아들곤 했다.

이 동네 단골이 많은 건지 멤버십 제도도 운영하고 있었는데,

토핑 없는 타코야키 6개의 회원가는 무려 '140엔'으로 무척 파격적이다.

나는 260엔짜리 파 토핑의 네기 붓카케를 선택했다.

마요네즈를 살살 뿌려 먹으니 유명 타코야키만큼 비범하지는 않지만 흠 잡을 데도 없는 맛이다.

정감 있는 시장 분위기 때문인지 사람 구경, 풍경 구경하며 먹는 재미도 두 배다.

장 보러 나온 김에 입맛 다시기에는 더할 나위 없다.

쌀·콩·팥의
정직한 하모니

kofukudo

코우후쿠도

위치 한큐 가와라마치역에서 도보 5분(니시키시장)

주소 京都市中京区錦小路通麩屋町西入ル梅屋町501

오픈 10:00~19:00

휴무 수요일

가격 100엔~

전화 075-221-5960

홈피 www.ko-fukudo.com

니시키시장 골목의 터줏대감 격인 코우후쿠도는

교토 헤이안 신궁에 다양한 종류의 화과자를 봉납하고 있는 160년 전통의 유서 깊은 떡집이다.

동글동글한 떡을 조그맣게 빚어 꼬치에 끼운 삼색경단부터 나뭇잎으로 정성스럽게 말아

좌우로 정렬을 맞춘 찰떡까지 모양새가 예쁜 떡 앞에서

나는 아주 자연스럽게 '먹을까 말까'가 아니라 '무얼 먼저 먹을까'를 고민하게 되었다.

야들야들 가마보코
속재료의 무한변신

마루츠네 가마보코

위치 한큐 가와라마치역에서 도보 7분(니시키시장)
주소 京都市中京区錦小路通柳馬場東入ル東魚屋町166
오픈 09:00~18:00
휴무 연중무휴
가격 개당 120~350엔
전화 075-221-2037
홈피 http://www.kyoto-nishiki.or.jp/stores/marutsune

우리나라에서 '오뎅'은 일반적으로 생선살을 다져

조미료와 밀가루를 넣고 반죽해 튀겨낸 것을 말하지만

일본에서의 '오뎅'은 다시국물에 넣어 끓이는 모든 재료를 말한다.

그러니까 달걀, 곤약, 무, 문어, 유부 등도 모두 '오뎅'이 될 수 있으며,

부드럽고 야들야들한 가마보코 역시 '오뎅'의 한 종류다.

가마보코는 꼬치에 꽂은 모양이 물속에서 자라는 부들꽃 かまぼこ 같다고 해서 붙여진

이름인데, 근래에는 꼬치에 꽂지 않은 것도 가마보코라고 한다.

니시키시장에서 50년 역사를 이어온 '마루츠네 가마보코'는 맛있는 가마보코 천국이다.

메추리알, 새우, 우엉, 문어, 치즈, 오징어, 채소, 소시지 등 속재료가 다양한

가마보코를 판매한다.

개당 가격이 120~350엔이라 먹고 싶은 만큼 실컷 고르다가는 만 원어치가

훌쩍 넘기 십상이다.

나름대로 신중을 기해 좀 특이하다 싶은 우엉 가마보코를 골랐다.

가마보코 살 안에 막대기처럼 길게 심어진 우엉의 아삭아삭한 식감이 마음에 든다.

매추리알 가마보코도 두 가지 주재료의 짭짤한 맛, 말랑한 식감이 매우 잘 어울려 맛있게 먹었다.

설탕, 소금, 밀가루 등의 독자적인 반죽 비율이 탱글탱글 말랑한 살의 비결이란다.

이렇듯 별미가 너무 많으니 몇 시간 째 니시키시장을 벗어날 수가 없다.

쇼와 레트로 스타일
커피숍

maedacoffee

마에다커피

위치 한큐 가라스마역에서 도보 5분
주소 京都市中京区蛸薬師通烏丸西入橋弁慶町236
오픈 07:00〜19:00
휴무 연중무휴
가격 600〜2,000엔
전화 075-255-2588
홈피 www.maedacoffee.com

오사카가 타코야키의 격전지라면 교토는 커피 문화의 격전지라고 할 수 있다.

마에다커피는 46년간 커피 하나로 자부심을 지켜온 카페이지만

교토에서 이 정도 전통은 아주 드문 일이 아니다.

쇼와 시대 교토 명문대학의 교수와 학생들이 문화를 공유하는 장소로 카페를 찾으면서

기온부터 카와라마치까지 많은 카페들이 들어서게 되었고

지금까지도 그 시대의 스타일을 유지하려고 노력하고 있다.

쇼와 시대의 향수를 불러일으키는 스타일을 '쇼와 레트로'라고 한다면

마에다커피에는 충분히 그 이름을 붙여도 될 듯하다.

잘나가던 옛날 동네 커피숍을 재현한 듯 분위기가 다소 올드하면서도 정겹고,

더치커피를 내리는 유리 장치들이 단정히 정리된 것도 보기 좋다.

다른 유서 깊은 교토의 커피숍이 그러하듯 자가 배전을 고집하고 있는데,

특히 아이스커피만을 위해 별도로 로스팅한 원두를 사용하여

아이스커피의 향이 진하고 깊다.

커피의 향긋함에 취한 사이 어느덧 손님들이 썰물처럼 빠져나갔다.

영업시간이 오후 7시까지라 늦은 저녁까지 즐기기 어려운 건 조금 아쉽다.

고소한 두유 도넛과
아이스크림

콘나몬쟈

위치 한큐 가라스마역에서 도보 5분

주소 京都市中京区堺町通錦小路上ル中魚屋494

오픈 10:00~19:00

휴무 연중무휴

가격 두유 도넛 10개 300엔, 두유 소프트 아이스 300엔

전화 075-255-3231

홈피 www.kyotofu.co.jp/shoplist/monjya

콘나몬쟈 최고인기 **두유 도넛**.
작고 귀여운 모양에 무척 부드럽다.
두유향도 살짝 나서 고소하다.

おぼろとうふ

걸어다니며 간식처럼 먹을 수 있는 **연두부**.
도넛을 많이 먹어서 맛보지 못했지만
맛있어 보였다. 간식 두부면도 특이해보이고.

두유 소프트 아이스.
우유 소프트 아이스보다 조금 더 담백한맛.
재료가 같아서 그런지 두유 도넛과 꽤 잘어울린다.
녹차 소프트 아이스는 녹차맛이 진하지만.

두유 도넛과 두유 소프트 아이스크림이 맛있고
두유 비지 마카롱 등 특이한 메뉴도 있는
교토 여행자 사이에서 꽤 유명한 간식집이다.
그냥 두부 만들며 사이드 메뉴를 판매하는 작은 가게인 줄 알았는데,
1964년 창업해 이세탄백화점에 입점한 점포까지 합하면
교토에만 6개 점포를 거느린 꽤 규모 있는 두부 제조 업체가 운영하고 있다.
실제로 일본 국산콩만 사용한다는 자부심이 대단하다.
방금 튀겨낸 한입 크기의 두유 도넛은
겉은 바삭, 속은 보들보들하고 두유 향이 진하다.
도넛과 소프트 아이스크림을 함께 먹으면
진한 두유 향이 증폭되어 도넛도, 아이스크림도 더 맛있게 느껴진다.

거리를 압도하는
'교토 3대 커피'의 아우라

이노다커피

위치 지하철 가라스마오이케역에서 도보 8분

주소 京都市中京区堺通三条下ル道祐町140

오픈 07:00~19:00

휴무 연중무휴

가격 아라비아의 진주 515엔, 콜롬비아의 에메랄드 515엔,
　　　교토의 아침 1,380엔

전화 075-221-0507

홈피 www.inoda-coffee.co.jp

교토에는 20~30년 전통으로는 감히 명함도 못 내밀 만큼 유서 깊은 커피숍이 즐비하다.

그중에서도 1940년에 오픈한 이노다커피는 '교토의 3대 커피'로 손꼽히는 명가로

과연 골목 전체를 압도하는 아우라를 조용히 뿜어내고 있었다.

내부는 그윽한 커피 향이 가득하다.

핸드드립 커피로는 이노다에서 독특하게 제명한 콜롬비아의 에메랄드와 아라비아의 진주,

두 가지가 있는데 설탕과 우유를 넣는다는 전제하에 배전하여 굉장히 진하고 농축된 맛이다.

여행하면서 한 번 이상 들르는 곳이 드문데 한 번 더 찾은 것은 '교토의 아침'이라는 브런치를 먹기 위해서였다.

날씨가 좋아서 흡연석이라 망설이던 야외정원 테이블에 앉았다.

유럽의 노천카페들처럼 한 줄로 늘어서 있는 테이블에 경쾌한 빨간색의 체크무늬 천이 깔려있다.

이끼 낀 연못 안에 있는 오래된 분수에서 떨어지는 물소리도 기분 좋다.

이름부터 자신만만한 '교토의 아침'은 좋은 재료로 하나하나 신경 써서 만들었다는 게 오롯이 느껴진다.

물론 70년이나 교토의 거리를 커피 향으로 채워온 자부심과 노하우가 그냥 만들어진 것은 아닐 테니.

'아재 스타일'
일본 가정식 백반

kyorikiya

쿄리키야

위치 지하철 가라스마오이케역에서 도보 5분
주소 京都市中京区秋野々町531-2
오픈 런치 11:30~15:00, 디너 17:30~23:30
휴무 일요일
가격 덮밥류 820엔~(단품 요리 · 코스 요리도 있음)
전화 050-5786-1329

아무런 정보 없이 무작정 음식점에 들어가게 되면

반 이상의 확률로 실패할 수 있다는 걸 알고 있지만,

다양하게 구색을 갖춘 가정식 백반집이라는 인상이 나쁘지 않았다.

특히 유명한 곳, 소문난 곳만 찾아다니는 먹방 여행에서 한 끼쯤은 그냥 편하게 먹을 밥집도 필요했다.

2015년 1월에 개점한 쿄리키야는 비교적 저렴한 가격에

가정식 백반, 혹은 안주를 곁들여 술 한잔 걸치기 부담 없어 보였다.

덮밥 정식 중 마구로동 まぐろ丼 참치회덮밥 세트를 골랐다.

팽이버섯 미역무침, 연두부, 유부 채소절임 등이 조금씩 담긴 반찬과

적당한 두께로 썬 참치회가 얹힌 밥을 먹고 있는데,

비교적 젊은 청년부터 나이 지긋한 아저씨까지 차례로 들어와 조용히 식사를 하고 간다.

잠시 후 열댓 명의 넥타이 부대들이 회식을 예약했다며 2층으로 우르르 몰려간다.

식사를 끝낼 때까지 여자 손님이 단 한 명도 없었던 걸 보면 이곳은 '아재 스타일'을 적극 공략한 걸까.

비교적 최근에 개점해 교토에서 야심차게 지점을 넓혀가고 있는 걸 보면 반응이 나쁘지 않은 모양이다.

100년 전통의
수제 대나무 젓가락

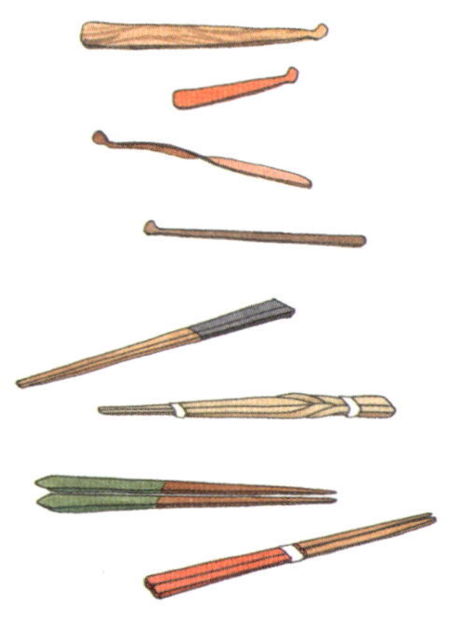

kameyama

카메야마

위치 한큐 가와라마치역에서 도보 10분
주소 京都市東山区高台寺桝屋町363
오픈 10:30~17:30
휴무 부정기적
가격 대나무 귀이개 500엔~, 대나무 젓가락 630엔~
전화 075-541-0874
홈피 www.2nenzaka.ne.jp/article/42

기요미즈데라에는 귀엽고 재밌는 소품 가게들이 많아서 목적 없이 이 가게에서 저 가게로 옮겨 다니며 구경만 해도 하루가 끝나버린다. 그중 눈길을 끈 곳이 있으니 진열창에 무수히 많은 대나무 젓가락을 전시해놓은 카메야마. 유독 젓가락과 귀이개에 특화된 품목을 판매하는 것도 범상치는 않다.

풍요로운 교토 기후에서 곧게 자란 양질의 대나무와, 그 대나무 특성을 세심하게 살려낸 장인의 기술. 이 두 가지는 헤이안 시대부터 이어온 교토 대나무 공예품의 '천 년 역사'를 잘 설명해준다. 카메야마 역시 100년 전통을 자랑하는 가기인데, 손님 중 80%가 단골로 주 고객이 뜨내기 관광객보다는 써본 후 또 찾아주는 일본인들이다. 그만큼 그저 장식용이라기보다 일본 문화에 깊숙이 스며든 공예품이라는 게 느껴진다. 귀이개조차도 장인의 손길을 거친 수제라니 거창한 느낌도 있지만, 실제로 만져보니 무척 가볍고 실용적일 것 같다. 젓가락의 굵기와 크기도 다양하고 생각처럼 아주 비싸지도 않다. 무엇보다 매일 먹는 밥, 마음에 드는 젓가락으로 기분 좋게 먹을 수 있다면 이 또한 작은 행복일 테니….

가성비 좋은
뷔페식 오차즈케

아코야차야

위치 시버스 키요미즈미치 정류장에서 도보 10분(니넨자카 초입)

주소 京都市東山区青水3-343

오픈 11:00~17:00

휴무 연중무휴

가격 오차즈케 바이킹 성인 1,350엔, 초등 3학년 이하 650엔

전화 075-525-1519

홈피 www.kashogama.com/akoya

도쿄에 사는 친구가 '일본인들이 꼽는 교토 런치 맛집 베스트' 리스트를 건네주었는데
상위에 랭크된 곳은 대부분 비싸기로 둘째가라면 서러운 요정 요릿집들이었다.
그중 비교적 합리적인 가격에 츠케모노를 마음껏 맛볼 수 있는 '아코야차야'가 기요미즈데라 니넨자카에 자리하고 있었다.
이곳은 차에 밥을 말아 먹는 오차즈케 おちゃずけ로 이미 일본인들 사이에 입소문이 나 있었다.
니가타현 유기농 코시히카리로 지은 밥맛이 좋은 데다가
일본식 야채 절임인 츠케모노 つけもの를 마음껏 가져다 먹는 뷔페 시스템이 특별하다.
20종가량 되는 츠케모노는 맛없는 걸 찾는 게 더 빠를 정도로 훌륭한 솜씨.
특히 죽순 절임과 오이의 아삭한 단맛에 반해 엄청나게 많이 가져다 먹었다.
모나카인 줄 알았던 꽃빵 모양의 과자는 뜨거운 물을 부으면 신기하게도 미소시루가 된다.
무엇보다 고기반찬 하나 없이도 충분히 맛있는 식단이라는 게 반갑다.
직접 만들어 먹는 모나카 또한 교토 내의 유명 모나카집과 비교해도 떨어지지 않을 만큼 맛있다.
단맛을 최소화하고 팥 향을 잘 살려 바삭한 과자와 좋은 하모니를 이룬다.

동글동글 모찌 먹으며
미니 갤러리 감상

minatoya

미나토야

위치 시버스 키요미즈미치 정류장에서 도보 7분

주소 京都市東山区清水二年坂桝屋町349-25

오픈 10:00~18:00

휴무 연중무휴

가격 아게모찌 50엔, 쿠로타마 650엔

전화 075-561-5552

홈피 www.2nenzaka.ne.jp/article/5

아코야차야에서 푸짐한 식사를 하고 나오는데 바로 맞은편 가게에서
머릿수건을 예쁘게 두른 아주머니가 간식거리를 만들고 있다.
개당 50엔이라고 써 붙인 아게모찌 あげもち 기름에 구운 떡 다.
모찌에 김을 붙이고 달달한 간장 소스를 발라 전기팬에 굽는데
가격이 너무 저렴해서 오다가다 부담 없이 사서 입에 쏙 넣기에 그만이다.
다른 한쪽에서는 쿠로타마 くろたま 검은 구슬 라는 이 가게의 명물 과자를 만들고 있다.
6번 구워낸 팥소를 검은 양갱으로 감싼 동그란 과자로, 이름처럼 검은 구슬을 닮았다.
실내에는 아기자기한 구경거리가 있다.
옛 일본 여인의 그림 액자가 벽면 가득 걸려 있는데 다케히사 유메지라는 화가의 흔적들이다.
목판화, 엽서, 봉투, 붓 등 화가의 작품을 활용해 만든 것으로,
화가를 기리기 위해 1917년 갤러리 겸 휴식 공간으로 만들었다고 한다.
누구라도 부담 없이 감상하고 요기하며 쉬었다 가면 좋겠다.

달콤한 교토를 쇼핑하는
별사탕 천국

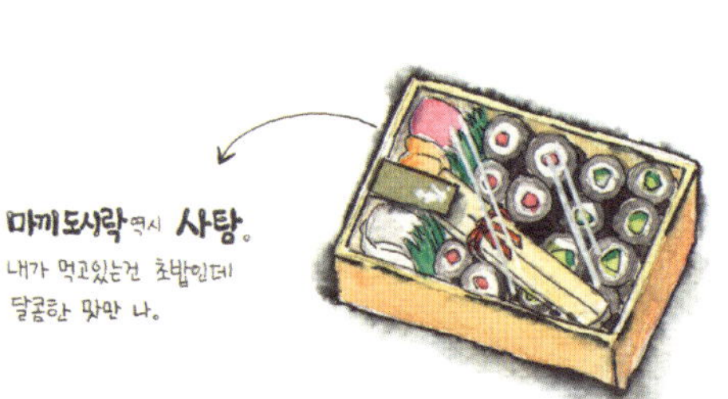

마룬

위치 시버스 키요미즈미치 정류장에서 도보 7분
주소 京都市東山区清水3-317-1
오픈 10:00〜18:00
휴무 수요일
가격 병아리 사탕 300엔
전화 075-533-2005
홈피 www.maisendo.co.jp

교토의 관광 명소에 어김없이 자리 잡고 있는 '마룬'은 깜찍하고 귀엽기가 이루 말할 수 없는 사탕 가게. 수학여행 온 여학생들의 입에서 '가와이!'를 연발하게 하는 아기자기한 주전부리의 천국이다. 주로 교토라는 테마를 입힌 기념품들로, 병아리 사탕, 마이코 사탕, 마끼 도시락 사탕 등을 비롯해 과자, 잼, 민속주, 드레싱까지 알차게 구색을 갖추고 있다.

그중에서 그저 설탕 덩어리일 뿐이라고 생각한 별사탕이 이곳에서는 최고의 '인기 템'이다. 우리가 어릴 적 먹던 건빵에 딸려 있는 별사탕을 떠올리면 섭섭하다. 과일 향이 은은하게 첨가돼 달콤함에 상큼함까지 갖췄다. 사탕과 분간하기 힘들 만큼 진짜처럼 만들어서 귀걸이나 핀에 달려 장신구 역할을 하기도 한다. 달콤한 교토를 쇼핑하고 싶다면 단연 이곳이다.

귀여운 사이즈의 부채들 중에도
나의 눈길을 끄는건 역시 디저트 무늬.
교토라고 해서 꼭 전통무늬만 고집하지 않고
세련되고 귀여운 것들이 많아서 즐겁다.

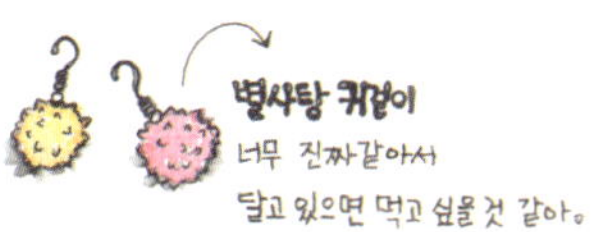

별사탕 귀걸이
너무 진짜같아서
달고 있으면 먹고 싶을 것 같아.

먹을 걸로 장난치면
안 돼지만... 이건 너무 귀엽네.

여자들의 필수 기념품,
원조 기름종이

요지야

위치 시버스 키요미즈미치 정류장에서 도보 8분
주소 京都市東山区清水3-334 青龍苑内
오픈 09:30~18:00
휴무 연중무휴
가격 기름종이 5권 세트 1,630엔, 마유고모리 핸드크림 30g 630엔, 작은 원형 손거울 360엔, 카페 요지야 세트 1,100엔(모두 세금 별도)
전화 075-532-5757
홈피 www.yojiya.co.jp

교토 하면 반사적으로 머릿속에 떠오르는 브랜드는 바로 기름종이로 유명한 요지야다. 화장 후에도 유분을 닦을 수 있는 기름종이의 역사가 바로 1920년경 이 요지야에서 시작되었다. 당시 화류계 여성들이나 연극, 영화 관계자들에게 기름종이는 폭발적 인기를 얻었는데, 지금과 다른 점이 있다면 얼굴을 다 덮을 수 있을 만큼 큼지막했다는 거다. 이후 100년에 걸쳐 꾸준히 사랑받은 것은 품질을 위한 지속적인 노력 때문이다. 치밀한 구성의 특수 종이를 엄선하여 피지 흡수력과 피부에 닿는 느낌이 뛰어나다. 이후 기름종이 하나로 일본 전국을 제패한 요지야는 이밖에도 여러 화장품과 세안제 등을 판매하고 있다. 이제는 카페도 생겨나 화장품을 쇼핑하며 차를 마시거나 식사를 할 수도 있다. 요지야 캐릭터를 활용한 녹차라떼도 젊은 여성들에게 인기가 높다.

교토에 오면 도저히 빼놓고 갈 수 없는 **요지야**

환색 파우더가 묻어있어서
잘못하면 게이샤가 될수 있다.

요지야의 대표상품인 **기름종이**는
교토에 오면 꼭 사가는 물건중 하나다.
다른 브랜드의 제품들보다 약간 크고 좀 비싸지만
그 값어치는 한다고 생각한다. 파우더 묻은것들과는
다른, 기름종이의 오리지널 인지 확인해야 한다.

립용 기름종이.
입술용이 왜 필요하지?

노란 파우더가 묻어있는 기름종이로
가장 무난하게 보송보송해진다.

분홍 파우더가 묻어있는 기름종이는
화사해진다.

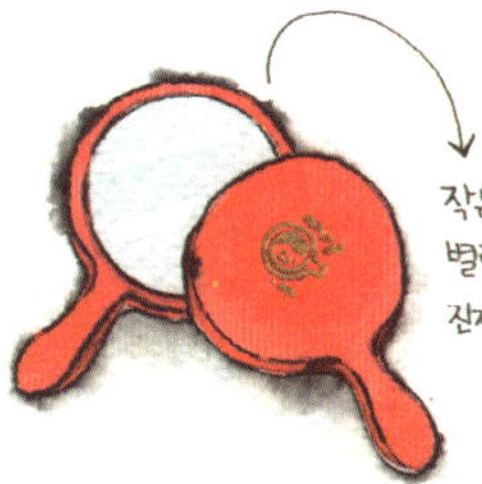

작은 손거울 선물을 싫어하는 여자는
별로 없다. 빨강, 검정, 금색이 있는데
진짜 금도 아니면서 금색은 더 비싸다.

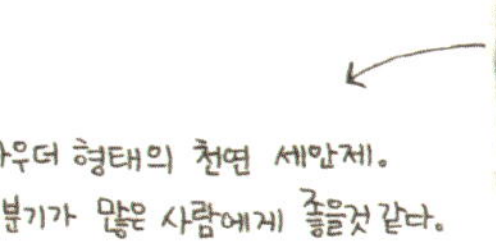

선물용으로 좋은 핸드크림. 누에고치의
천연 보습성분이 들어있다고 하는데
부드럽고 기분좋은 향이 난다.

파우더 형태의 천연 세안제.
유분기가 많은 사람에게 좋을것 같다.

교토 한복판의
유럽식 카페

카페 비블리오틱 헬로

위치 지하철 교토시야쿠쇼마에역에서 도보 10분

주소 京都市中京区二条通柳馬東入ル晴明町650

오픈 11:30〜23:30

휴무 월요일

가격 베이커리 130〜1,000엔, 카페 500〜2,000엔

전화 075-231-8625

홈피 http://cafe-hello.jp

가와라마치에서 조금 떨어진, 고풍스러운 건물이 가득한 주택가 골목에서

생뚱맞게 큰 야자수와 바나나 나무로 뒤덮인 빵집을 발견했다.

오픈 시간을 알리는 식빵 모양의 입간판 말고는 외관에 딱히 가게 이름을 알 수 있는 단서가 없지만,

내부에서 쉴 새 없이 구워지는 향긋한 빵 냄새가 여행자의 발길을 끈다.

가지런히 정렬된 다양한 빵에는 손으로 꾹꾹 눌러쓴 이름표가 붙어 있는데,

빵을 구워낸 정성만큼이나 최선을 다해 소개하는 느낌이다.

크루아상, 키슈, 그리고 호밀생지에 고르곤졸라 치즈와 구운 호두, 벌꿀을 넣어 구운 빵을 집어 들었다.

빵 봉지를 흔들며 숙소에 돌아와 크루아상을 결대로 찢어 입에 넣어보고는 깜짝 놀랐다.

겉은 바삭, 속은 보드랍고 다 먹을 때까지 버터 향이 몽실몽실 너무 맛있다.

입 안에서 부드러우면서도 고소한 맛이 극대화되는 키슈도 맛있고, 호밀, 치즈, 호두, 벌꿀이 더해진 빵은 180엔이

라는 가격이 무색하게 고급스러운 맛이다. 다음 날에는 베이커리 옆의 카페로 가보았다.

작은 문으로 카페와 베이커리가 연결돼 있는데, 베이커리에서 구입한 빵을 카페로 가져와 먹을 수도 있다.

공간을 압도하는 높은 책장과 큰 테이블이 인상적이다. 예술대학 출신인 주인장이 누구나 맘 편히 디자인 서적을

볼 수 있도록 직접 설계한 공간이란다. 카페에서 주문한 레몬 타르트 역시 흠잡을 데 없이 완벽하다.

바삭하고 고소한 생지와 진한 레몬 맛의 필링, 구름처럼 부드러운 생크림까지 완벽히 취향 저격이다.

호밀생지에 고르곤졸라 치즈와
구운 호두, 벌꿀을 넣어 구운빵.

일본산 생햄과 치즈, 대파, 달걀을 넣어 만든 **키슈.**
대파와 달걀때문에 파전같은 맛이 살짝나는데
아주 맛있고 든든하다.

첫 한입에 레몬향이 강렬하게 밀려든다. 새콤함과 달콤함이 타르트 과자와 만나면서
고소함을 더하고 생크림과 다함께 먹으면 전체적으로 부드러워진다.
취향 저격에 완벽한 **레몬 타르트** 다.

신선한 고기와 감자의
황금비율 고로케

나카무라야소혼텐

위치 한큐 아라시야마역에서 도보 10분

주소 京都市右京区嵯峨天龍寺龍門町20

오픈 09:00~18:00

휴무 수요일

가격 고로케 100엔, 민치카츠 250엔, 쿠시카츠 150엔

전화 075-861-1888

홈피 http://aquadina.com/kyoto/spot/2258/

양념을 잘한 감자를 으깨어 방금 튀겨내서
뜨끈뜨끈 맛있는 **고로케**.
다만 마저 빠지지 못한 기름기가
흥건히 남아있어서 살짝 느끼.

串カツ

쿠시카츠는 신선한 돼지고기와
깍뚝썬 양파를 번갈아 꼬치에 끼워 튀겼다.
고기인줄 알았던 큼지막한 부분이
양파라서 실망... 그래도 쫀득한 고기와
사각 달콤한 양파는 무척 잘 어울렸다.

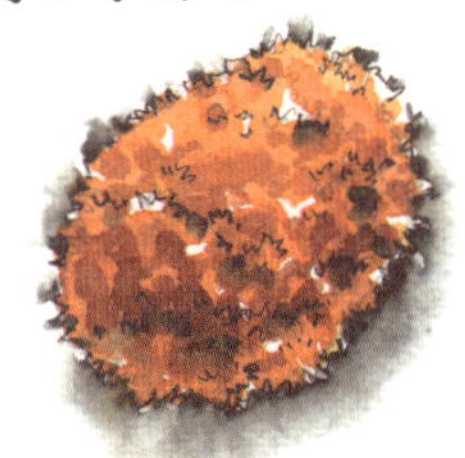

민치카츠는 채소를 적게 넣고
다진 소고기를 듬뿍넣어 육즙이 어마어마 하다.
반쯤 먹을때 까지는 너무너무 맛있더니
이후부터는 육즙에 튀김기름까지 섞인맛이
느끼해지기 시작했다. 누가 나 쌀밥 한 공기좀 ...

일본의 정육점들은 바쁜 주부들의 반찬 걱정을 덜어주기 위해
신선한 고기를 재료로 한 고로케를 판매하는 일이 흔하다.
그런데 고로케는 반찬뿐만 아니라 길거리 간식으로도 훌륭하기 때문에
관광지와 멀지 않은 곳에 있는 정육점 고로케는 명물 먹거리가 되기도 한다.
나카무라야소혼텐도 아라시야마의 메인 로드에서 조금 떨어진 한적한 동네에 있지만,
어떻게들 알았는지 이곳까지 찾아와 줄 서서 고로케를 사 먹는다.
나 역시 고로케, 쿠시카츠, 민치카츠를 사서 토게츠교가 바라다보이는 둔치에 앉았다.
시원한 강바람을 맞으며 방금 튀긴 고로케를 먹는 맛은 해보지 않은 사람은 모를 것이다.
돼지기름인 라드유 100%로 튀겨 따끈따끈 바삭하고,
홋카이도산 감자와 신선한 소고기의 황금비율이 고소한 맛을 극대화한다.
이토록 잡냄새 없이 식감 좋은 고기 또한 정육점 운영자의 안목일 것이다.
다만 튀김 세 개를 먹어치우고 나니 입에 기름이 돌아 쌀밥에 김치 생각이 간절해졌다.

창가에 초록 정원 비치는
어느 멋진 소바집

테우치소바호우잔

위치 한큐 아라시마역에서 도보 3분
주소 京都市西京区嵐山中尾下町27-4-1
오픈 11:00〜20:00
휴무 부정기적
가격 800〜1,500엔
전화 075-872-6877

아라시야마는 사시사철 관광객으로 붐비는 곳이다.

덕분에 야심 차게 조사해 온 집들은 이미 한참을 대기해야 했고,

조용히 식사하고 싶었던 나는 인적이 드문 골목골목을 헤집기 시작했다.

그러다가 한적한 주택가에서 수수한 외관의 소바집을 만났다.

주택을 개조해 입간판 정도만 놓아두었기에 언뜻 가게인지 모르고 지나칠 수도 있을 것 같다.

문을 빼꼼히 열고 들어서자마자 맞은편에 놓인 멋진 통나무 테이블이 시야를 압도한다.

테이블 너머 통유리에는 울창한 녹음이 우거진 정원이 비친다.

마치 토끼굴에 빠진 앨리스가 된 기분이다.

새소리를 배경 삼아 초록 정원을 감상하며 주문한 자루소바를 먹기 시작했다.

메밀은 주인아저씨의 본가에서 직접 농사지은 것을 쓴다고 한다.

직접 간 와사비와 잘게 썬 파, 그 옆으로 반짝이는 소금도 놓여 있다.

소금은 면에 찍어 먹기도 하고, 소바를 삶은 면수에도 넣어 마시는 것 같다.

소바 면은 조금 단단한 카타멘으로 찰기가 거의 없고 메밀 향이 강하진 않지만

츠유에 섞어 넣은 와사비 맛을 느끼기에는 적절한 정도다.

자연을 담은 정원과 꾸밈없이 수수한 맛이 매력적인 곳이다.

한 땀 한 땀,
전통 직물로 만든 기념품

chirimen zaikukan

치리멘세공관

위치 한큐 아라시야마역에서 도보 10분
주소 京都市右京区嵯峨天龍寺路町19-2
오픈 10:00~18:00
전화 075-862-6332
홈피 www.chirimenzaikukan.com

치리멘은 기모노를 만들 때 쓰이는 전통 직물 중 하나로 표면이 쪼글쪼글하면서도 부드럽다. 특히 간사이 지방에서 오랫동안 사랑받아온 직물로, 기모노를 만들고 남은 자투리 천을 이용해 일본 민속인형 중 하나인 테루테루 동자, 콩 주머니, 딸랑이 같은 장난감을 만들어왔다고 한다.

치리멘세공관은 그렇게 한 땀 한 땀 전통 직물로 만든 기념품으로 가득하다. 채소 미니어처, 손거울, 손지갑 같은 것에서부터 세심하게 손이 가는 딸랑이, 캐릭터 파우치 등의 작품도 있다. 모두 교토스러운 기념품으로 손색이 없다. 가격이 균일한 상품이 많은 편인데 한 개를 구매하면 540엔, 세 개를 구매하면 1,300엔으로 할인율이 제법 크기 때문에 보통은 세 개씩 집어들게 된다.

キャラクターポーチ

캐릭터 파우치

강아지나 고양이처럼 일반적으로 귀여운 것들부터
갓파나 달마같은 옛날 캐릭터들, 아가씨나 할머니
할아버지 모양도 있다.

まるころ シリーズ

마루코로 손거울 시리즈

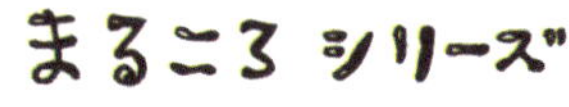

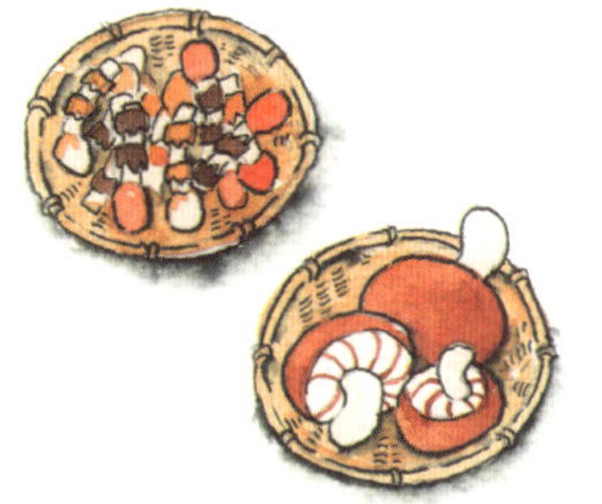

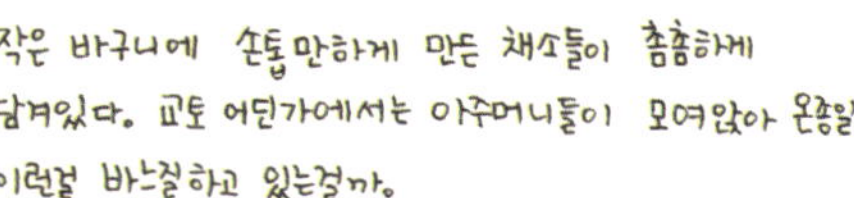

작은 바구니에 손톱 만하게 만든 채소들이 촘촘하게
담겨있다. 교토 어딘가에서는 아주머니들이 모여앉아 온종일
이런걸 바느질하고 있는걸까.

신생 스위츠의 파워,
쇼유 무스 케이크

rakkansha

락칸샤

위치 한큐 가라스마역에서 도보 10분

주소 京都市中京区三文字町227-1

오픈 일~목요일 11:00~20:00, 금 · 토요일 11:00~20:30

휴무 수요일

가격 200~1,000엔

전화 075-708-3213

갑자기 내리기 시작한 비 때문에 잠시 건물의 처마 밑으로 뛰어들어갔는데,

와우! 저 쇼케이스 안에 있는 먹음직스러운 슈크림과 케이크는 뭐지?

세련된 매장 인테리어 때문에 비싸지 않을까 살짝 걱정하며 가게 안으로 들어섰지만,

쇼트케이크는 500엔 전후, 슈크림은 200엔대로 나쁘지 않았다.

점원이 추천한 것은 밤이 얹어진 '콩가루와 마론무스 페스트리'라는 이름의 쇼유 무스 케이크.

평범해 보이는데 베이스가 쇼유醬油, 그러니까 간장이란다.

판매만을 위한 매장이라 포장해 나왔는데 역시 맛있는 걸 들고 숙소로 향하는 길은 기분이 좋다.

조심스레 비닐을 떼어내고 쇼유 무스 케이크를 한 수저 떠먹었다. 아스라이 풍기는 간장과 밤 향.

그런데 가장 아랫부분의 거무스름한 스펀지 케이크를 먹다가 너무 짜서 깜짝 놀랐다.

티라미수의 스펀지 케이크를 에스프레소에 적시는 것처럼, 이 또한 간장에 적신 모양이다.

그런데 먹을수록 미소가 지어진다. 그 짠맛과 밤 무스가 예상보다 훨씬 잘 어울린다.

이 정도로 짜면 맛없게 마련인데 달달한 밤과 고소한 콩고물이 커버하고 있다니….

이런 맛을 찾아내려고 파티시에가 얼마나 노력했을까.

누구도 생각지 못한 그 진지한 도전에 박수를!

부드러운 1단 무스를 한 입 먹었을땐,
응? 콩가루향 진한게 고소하네 ~♬
부드러운 2단 무스를 한입 먹었을땐,
응? 진짜 간장맛도 살짝 나네 ~♪
맨 아래 진한색의 두줄 띠부분을 먹었을땐, 헉!
이거 진짜 간장이야~
너무 짜고 너무 단데 맛있어.
재미있는 맛이야. 즐·거·워~♡

도대체 어떻게하면 수분기 많은 크림을 가득
집어넣고도 그렇게 바삭한 슈를 유지할 수 있는지
너무너무 궁금하다. 심지어 냉장고안에서 하룻밤을
자고나온 녀석도 바삭바삭. 콩가루의 진한 고소함이
오래도록 입안에 남아 기분 좋아지는 맛이다.

하루 100명만 허락되는
스테이크 덮밥

백식당

*** 사이인역점**

위치 한큐 사이인역에서 도보 5분

주소 京都市右京区院矢掛町21

오픈 11:00〜14:30, 17:30〜20:00

휴무 수요일

전화 075-322-8500

홈피 www.100shokuya.com

*** 가와라마치역점**

위치 한큐 가와라마치역에서 도보 2분

주소 京都市下京区西木屋町通四条下る船頭町187

오픈 11:00〜15:30, 17:30〜20:30

휴무 목요일

전화 075-361-2900

홈피 www.sukiyakisenka.com

평생 먹어본 덮밥 중에 최고라는 둥, 이걸 먹기 위해 반나절 일정을 포기했다는 둥,

얼마를 기다려도 시간이 아깝지 않다는 둥, 게다가 하루 100그릇만 팔아서 백식당인데

100번째 대기표를 받지 못하고 돌아선 사람까지 있다는 둥,

이런 많은 글을 보다 보니 왠지 내가 꼭 가서 확인해봐야 할 것 같았다.

백식당은 사이인역과 가와라마치역 부근인 두 군데에서 성업 중인데, 각각 판매하는 메뉴가 다르다.

사이인역점은 스테이크 덮밥이, 가와라마치역점은 샤부샤부가 유명하다.

특히 사이인역점은 교토의 중심 관광지에 있는 게 아니라 일정이 짧은 관광객들에게는 이동 거리가

확실히 부담스럽지만, 스테이크 덮밥이 먹고 싶어 지하철을 타고 조금 멀리까지 가보았다.

가게 문은 11시에 열지만 대기표는 9시 30분부터 나누어 준다.

10시가 되기 전에 가게에 도착해서 내가 원하는 식사 가능한 시간이 적힌 번호표를 받았다.

인터넷에서 본 글이 조금 과장된 건지 가게 측 얘기로는

평일은 오후 1시, 주말은 오후 2시 이후면 기다리지 않고도 식사할 수 있다고 한다.

일본산 질 좋은 소고기로 만든 스테이크 덮밥은 비주얼도 화려하고 맛도 좋다.

절묘한 간으로 배합된 소스를 곁들이면 안 그래도 보들보들한 스테이크가 입 안에서 녹아버린다.

맛있다는 호들갑은 100% 이해가 가지만,

다른 일정을 포기하면서까지 시간을 투자할 가치가 있을지 판단하는 건 각자의 몫이다.

시대가 변해도
변하지 않는 맛있는 빵

tengudo

텐구도

위치 케이후쿠 니시오지산조역에서 도보 10분

주소 京都市中京区壬生中川町9

오픈 07:00〜20:00

휴무 일요일

가격 100〜200엔

전화 075-841-9883

어느 동네 어귀에서 수수하기 이를 데 없는 빵집을 만났다.

한눈에도 수십 종은 돼 보이는 빵들 또한 너무 평범해서

한 30년 전에도 이 모양, 이 맛 그대로 팔았을 것 같다는 생각을 했다.

하지만 내가 졌다. 입간판의 가게 창업 연도가 1922년이었기 때문이다.

100년 가까이 이 빵들은 주민들이 자주 찾았을 아주 평범한 비주얼로

동네 빵집의 역사를 성실하게 이어오고 있었다.

초코소라빵, 카레빵, 소시지빵, 샐러드빵, 피자빵 같은 특별한 설명이 필요 없는 빵들이다.

대부분 200엔을 넘지 않는 가격으로 부담이 없다 보니 욕심부려 빵을 잔뜩 사고 말았다.

별로 비싸지도 않고 평범하기 그지없는 빵들은 가방에 들어간 채 반나절 동안 잊혔다.

하지만 기대도 뭣도 없이 집히는 빵을 한 입 먹고 난 뒤 생각이 달라졌다.

아무리 복잡한 조리 과정을 거친 유명 셰프의 비싼 요리를 먹어도 결국 엄마가 해준 집밥이 최고이듯

텐구도의 빵들은 기교 없이 기본에 충실한 맛을 잘 구현해내고 있었다.

아무리 새로운 빵집이 등장해 어떤 제빵 기술이 유행이네, 어떤 빵이 인기 있네 해도

한결같이 또다시 100년을 이어갈 수 있을 것 같은, 그런 우직한 빵집이다.

예쁘고, 알차고, 맛있는
퓨전 창작요리

오모카페

위치 한큐 가와라마치역에서 도보 10분

주소 京都市中京区錦小路麩屋町上ル梅屋町499

오픈 11:00〜21:00

휴무 1월 1일

가격 고항 플레이트 1,350엔

전화 075-221-7500

홈피 www.secondhouse.co.jp

가게인 것을 알아볼 수 있는 건 입간판 하나뿐인 고풍스러운 건물의
오모카페는 가벼운 식사나 교토풍 디저트를 즐기기에 좋은 곳이다.
메뉴판을 보니 역시 '비주얼' 요리들이 입맛을 다시게 한다.
커리나 파스타, 볶음밥 등도 먹음직스럽고
'꿀단지'에 녹차 푸딩, 콩 잼, 바나나, 아이스크림을 담은 '오모 파르페'도 맛있어 보인다.
하지만 이미 맘속으로 정하고 온 '고향 플레이트'를 먹어야 했다.
주문 후 점원이 웬 파운드 케이크를 한 조각 들고나오기에 조금 놀랐다.
이렇게 단 걸 에피타이저로 주나 싶어 재차 물었는데 식사 전에 먹는 게 맞는단다.
이리 보고 저리 봐도 모양은 영락없는 파운드 케이크.
하지만 한 입 떠먹어보니 옥수수와 참치를 달걀에 섞어 구운 애피타이저가 맞다.
심심하고 짭조름한 재료가 섞여 균형이 잘 잡힌 애피타이저는 입맛을 마구 돋운다.
잠시 후 등장한 본격 요리. 플레이트 위에 예쁜 찬들이 꽃처럼 피었다.
우엉과 부추를 넣은 달걀말이, 와인 소스를 뿌린 닭고기구이, 삶은 삼겹살과 된장 소스,
마와 오이절임 위의 문어와 다진 앤쵸비, 가지구이와 옥수수 위에 올린 생선회,
그리고 호박 고로케이다. 하나하나 신선, 담백, 정갈한 맛이다.
생선회와 가지구이가 썩 어울리지 않아 살짝 비릿한 향이 올라온 것 정도가 흠이랄까.
좋은 쌀로 정성스레 지은 밥과 구수한 단맛을 풍기는 미소시루도 맛있다.
요모조모 구성도 알차고 멋진 플레이트 코디 덕에 눈까지 즐거운 퓨전 창작요리였다.

일본의 정육점은
고로케 가게?

demachi okadashokai

데마치 오카다쇼카이

위치 케이한 데마치야나기역에서 도보 5분

주소 京都市上京区青龍町239-2

오픈 09:00~18:00

휴무 수요일

가격 고로케 60엔, 카니고로케 130엔(추천), 규카츠 150엔

전화 075-221-3771

홈피 www.okada.demachi.jp

데마치 상점가에는 눈에 띄게 긴 줄이 늘어선 떡집이 있다.
다름 아닌 콩떡으로 유명한 '데마치 후타바'.
100년도 더 된 교토의 명물 떡집으로 영업시간 내내 엄청난 인기로 사람들이 북적인다.
하지만 나는 떡보다 고로케!
바로 근처의 '데마치 오카다쇼카이'라는 정육점에서 고로케를 튀겨주는데,
이곳도 50년이라는 만만치 않은 역사를 자랑한다.
엄선한 회색 암소와 좋은 흑우를 판매한다는 명성이 대단한데
쇼케이스 안의 통통한 소시지류도 눈길을 끌고 특이하게 사슴고기와 말고기도 취급한다.
바삭하게 튀겨낸 고로케는 물론이고,
신선하고 부드러운 소고기에 얇은 빵가루 옷을 입혀 튀긴 규카츠^{牛カツ}도 맛있다.
이제는 '일본의 정육점 = 고로케 가게'라는 공식이 전혀 어색하지 않다.
그만큼 재료가 신선하고 가격도 저렴해 따로 고로케 맛집을 찾지 않아도 될 것 같다.

책과 사람을 사랑한 서점

keibunsha

케이분샤

위치 에이잔 이치조지역에서 도보 2분
주소 京都市左京区一乗寺払殿町10
오픈 10:00~21:00
전화 075-711-5919
홈피 www.keibunsha-store.com

영국 가디언지에서 선정한 '세계 최고의 10대 서점' 중 하나가 바로 교토의 케이분샤다. 여기에 선정된 서점은 아시아에서도 유일하다고 하니 흡사 유럽의 어느 책마을에 온 듯 간판만 봐도 설렌다. 옅은 색 벽돌과 넝쿨 식물이 어우러진 외관은 입구에서부터 아름다운 서점임을 알리고 있다. 내부에는 마치 여러 개의 달이 뜬 것처럼 둥근 조명이 노란빛을 밝히고 있고, 고가구에 가지런히 정돈된 책들이 주인을 기다리고 있다. 앤틱한 원목 책상과 책이 어우러진 단아한 분위기도 좋다.

케이분샤는 점장과 스태프들이 심혈을 기울여 선정한 책을 진열하고 소개한다고 한다. 한 가지 주제를 정하고 그에 맞는 책을 엄선한 진열장을 보니 케이분샤 사람들이 책을 얼마나 사랑하는지, 또 얼마나 정성껏 책을 관리하는지 알 것 같다. 사오고 싶은 수많은 책들 중 '후쿠다 유키에 작품집' 한 권을 골라 계산했다. 서점에서 작은 쪽문으로 나가면 카페와 연결된다. 그 카페를 지나 또 다른 문으로 나가면 작은 액세서리나 기념품 등을 살 수 있는 숍이 나온다. 이 모두가 책을 즐기기 위한, 또 책이라는 공통분모를 가진 한 덩어리의 서점이자 숍이니 여유롭게 즐겨봐도 좋겠다.

けいぶん社
社

교토풍 동전지갑과
신기한 우산

"교토의 기념품은 이곳이 어떠십니까?"

기요미즈데라 주변에서도 관광객이 가장 집중적으로 몰려있는 거리에서 열성적으로 가게를 홍보하고 있는 아가씨를 만났다. 교토에서 호객 행위는 시장 골목을 제외하고는 흔하게 볼 수 있는 게 아니라, 손바닥 위에 제품을 올려놓고 간드러지는 목소리로 시선을 끌고 있는 광경이 조금 신기하게 느껴졌다.

가게에는 일본의 전통 직물인 치리멘으로 만든 동전지갑을 비롯해 기모노나 유카타를 입을 때 들면 좋을 작은 손가방들이 널찍한 공간을 차지하고 있다. 화려한 문양과 다양한 크기로 진열대에 가지런히 놓여있는 가방들은 이 자체로 일본을 상징하는 하나의 작품인 것 같다. 이 밖에도 파우치, 도장·안경 케이스 등 종류가 다양한데 하나같이 귀엽고 깜찍해서 시간 가는 줄 모르고 구경했다. 그런데 후유샤에서 유명한 것이 하나 더 있다. 다름 아닌 비를 맞으면 색이 바뀌면서 무늬가 떠오르는 우산이다. 이걸 보여주기 위해 가끔 가게 앞에 우산을 펼쳐놓고 호스를 연결해 물을 뿌리기도 한다.

fuyusha

후유샤

위치 시버스 키요미즈미치 정류장에서 도보 7분

주소 京都府京都市東山区清水2-218-5

가격 동전지갑 860엔~

전화 075-551-6328

홈피 www.telacoya.co.jp/honpo/

手作り
京がまぐち

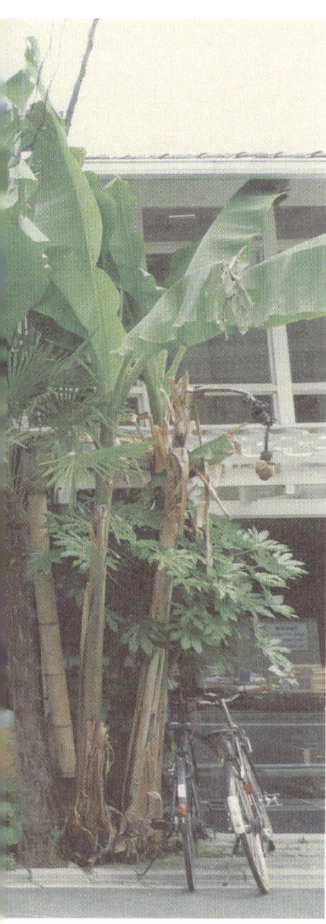

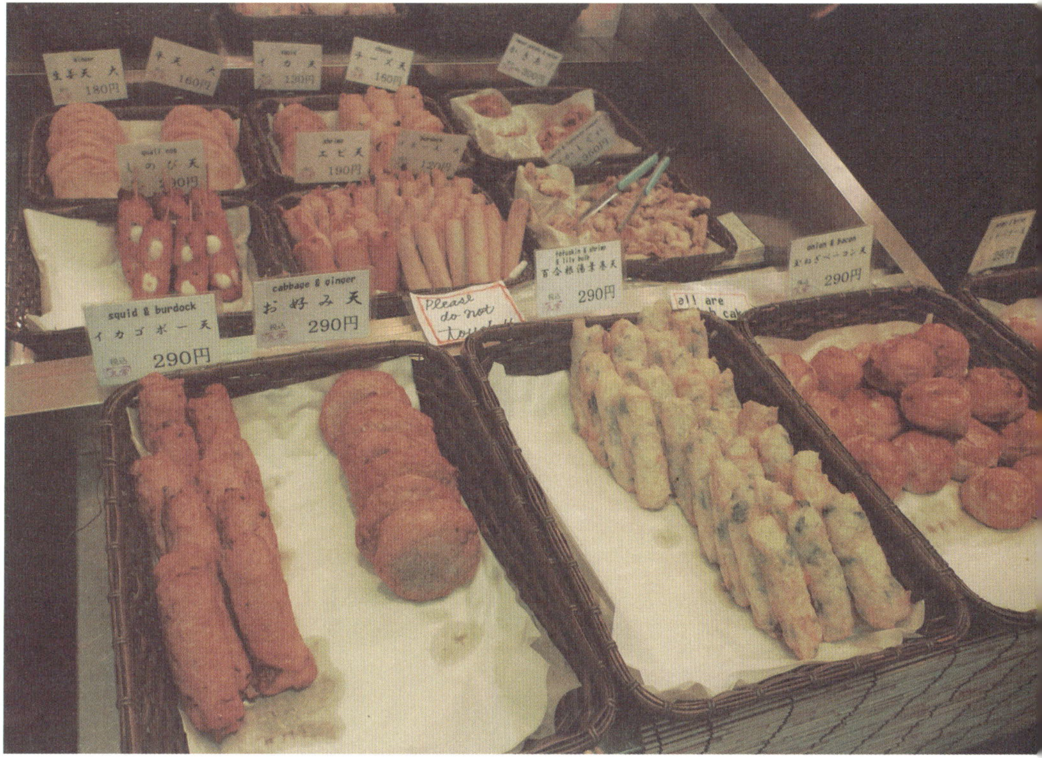
squid & burdock
イカゴボー天
290円
cabbage & ginger
お好み天
290円
Please do not
290円
onion & bacon
290円

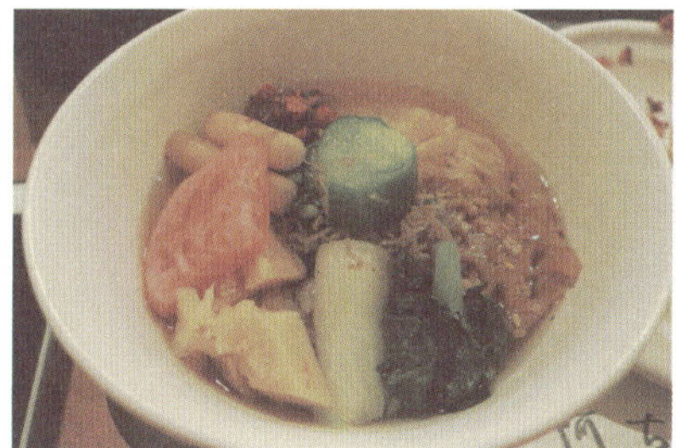

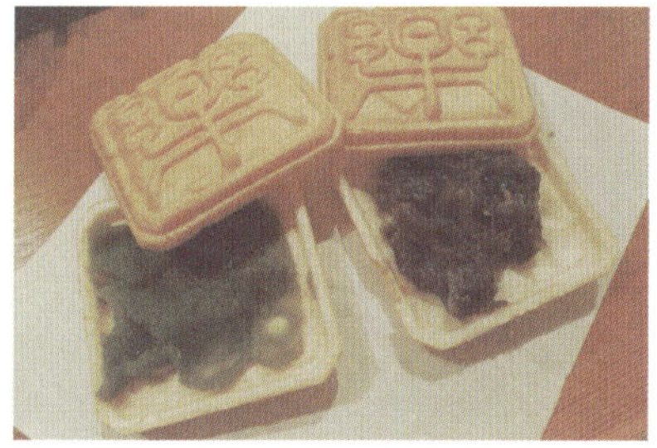

COFFEE COFFEE COFFEE
INODA COFFEE SHOP
INODA COFFEE STORE
INODA COFFEE SHOP
INODA'S
Coffee
INODA COFFEE STORE
ダコーヒ本店
ダコー

the
bakery
OPEN · 11:30
CLOSE · 23:30

けいぶん社
KEIBUNSHA ICHIJOJI
BOOKS,
GIFTS &
SOMETHING FOR LIFE

Bruder
Grimm
Rotkäppchen
Übersetzt
Kanayama
Masae
Bruder
Grimm
Rumpelstilzchen
Übersetzt
Kanayama
Masae
サンプル見本。
not for

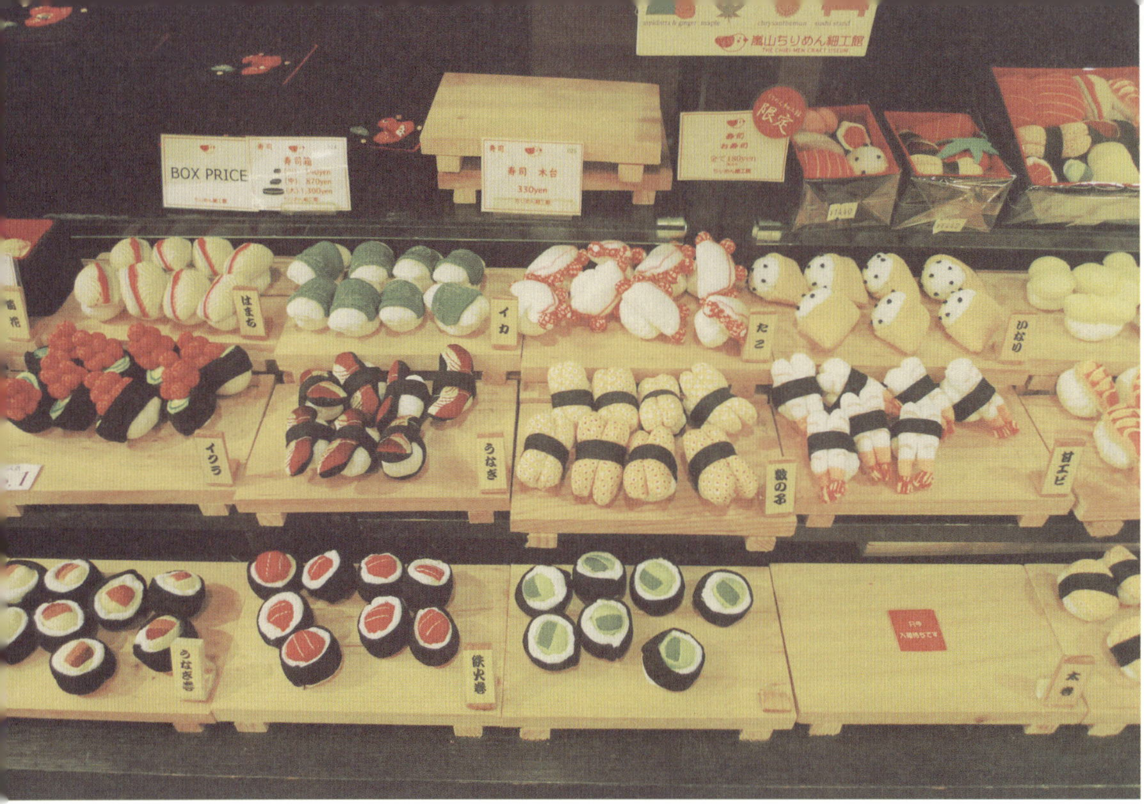
嵐山ちりめん細工館
BOX PRICE
寿司 木台
330yen
限定
はまち
イカ
たこ
いなり
イクラ
うなぎ
甘エビ
うなぎ巻
鉄火巻
太巻

錦
祝鯛
魚力
はも照焼

喜知次

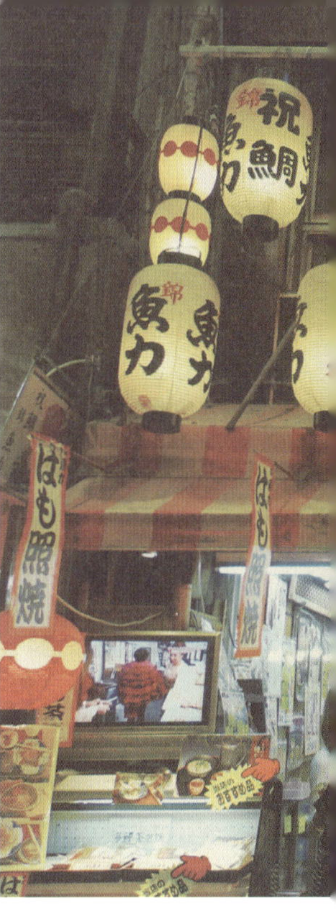

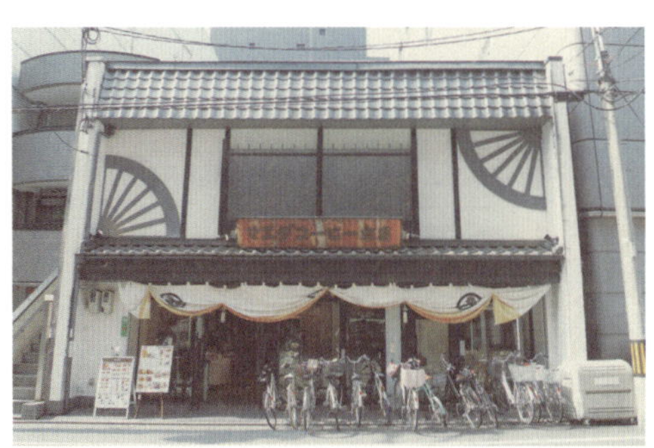

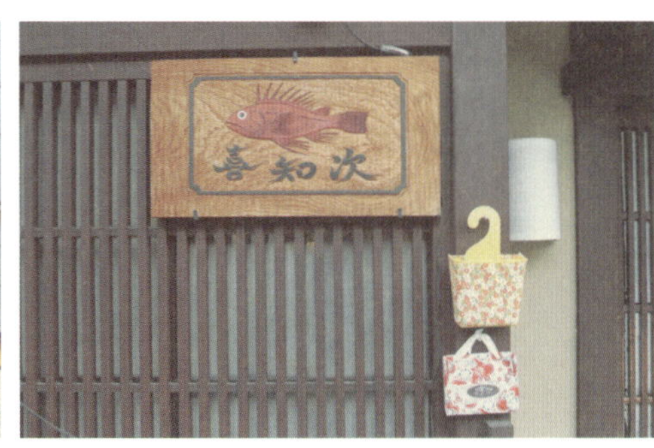

神戸 アクセサリーの店 くボヤージュ〉。

KOBE

고베

재즈처럼 촉촉한
가토쇼콜라

쇼어버드

위치 한큐 롯코역에서 도보 7분
주소 神戸市灘区日尾町2-1-12
오픈 08:00～19:30
휴무 일 · 월요일
가격 커피 390엔, 커피와 케이크 세트 750엔
전화 078-777-3588

고베에 도착한 시간이 너무 일러 적당히 시간을 보내고자 아담한 카페의 문을 열었다.

외관은 작고 소박해 보였지만 내부는 제법 현대적인 감각이 묻어나는 인테리어로 꾸며져 있다.

조용히 자리에 앉아 주인이 추천해준 가토쇼콜라와 아이스커피를 주문했다.

일본에는 '커피만 주문은 가능해도 케이크만 주문은 불가능'한 카페가 간혹 있는데 쇼어버드가 그랬다.

케이크는 매일 달라지기 때문에 메뉴판에 없고 주인에게 물어보면 그날그날 어떤 케이크가 있는지 알려준다.

커피와 케이크 세트 가격에서 커피값을 제외하면 360엔.

그런데 이 360엔짜리 가토쇼콜라가 놀랄 만큼 맛있다.

밀도 높은 단단함에 고급스러운 카카오 향이 진하게 배어있다.

단맛도 적고 기분 좋을 만큼만 차가워서 아이스커피와의 궁합도 좋다.

가게 안에 잔잔히 흐르는 재주 선율과도 무척 잘 어울리는 맛이다.

이곳 주민들 사이에서는 토스트, 달걀 프라이, 소시지, 요구르트, 커피로 구성된
'모닝 세트'가 인기라는데 다음 방문 땐 꼭 먹어봐야겠다.

정감 있는 시장통의
테이크아웃 오므라이스

ateya

아테야

위치 한큐 롯코역에서 도보 8분
주소 神戸市灘区森後町2-2-14
오픈 12:00~21:30, 토 · 일요일 · 공휴일 11:00~21:30
휴무 월요일
가격 오므라이스 390엔, 키슈 300~400엔
전화 090-3284-4519

숙소 근처에 아주 작은 규모의 시장이 있었다.

간판에 '롯코'라고 쓰인 현대식 아케이드지만,

입점한 가게들은 꽤 오랫동안 이 자리를 지켰을 것 같은 분위기다.

주민들이 오가며 생선도 사고, 어묵도 사는 소박한 동네 시장인데

그중 큼지막한 오렌지색 간판을 올린 아테야는 멀리서도 눈에 띄었다.

키슈와 오므라이스를 전문으로 판매하는 아담한 가게.

새우와 아보카도, 베이컨과 시금치, 포테이토와 토마토처럼 어울리는 두 가지 재료를 혼합한

키슈가 맛있어 보였지만 끼니를 해결할 생각에 오므라이스를 포장했다.

내부는 주인조차도 맘 편하게 움직이기 힘들어 보이는 작은 공간이라 테이크아웃만 가능하다.

숙소에 가져온 오므라이스는 아직 따끈한 온기가 남아있다.

플라스틱 용기에 담긴 오므라이스라고 해서 맛까지 얕볼 게 아니다.

다진 야채와 함께 정성 들여 볶은 밥, 푸딩처럼 부드러운 촉감의 오믈렛,

여기에 결정타는 채소와 고기를 넣어 만든 특제 소스다.

오므라이스의 풍미를 한껏 돋운다.

오므라이스는 오믈렛 omelette 과 라이스 rice 가 합쳐진 일본식 표현으로

유럽에서 건너온 오믈렛이 일본에서 밥과 합쳐지면서 현지화된 것이다.

중국의 짜장면만큼이나 그 기원에 대해서는 의견이 분분하지만,

분명한 것은 일본인들이 편하게, 가볍게, 그리고 자주 즐기는 음식이라는 사실이다.

고베의 토종 육우
'고베규' 대표 맛집

스테이크랜드

위치 한큐 산노미야역에서 도보 5분
주소 神戸市中央区北長狭通1-8-2
오픈 11:00〜22:00
휴무 연중무휴
가격 고베규 스테이크 런치 3,180엔
전화 078-332-1653
홈피 www.steakland.jp

고베에 와서 빼놓지 말아야 할 메뉴가 바로 고베규!

고베규는 고베 지역에서 기른 일본 토종 육우를 말한다.

좋은 사료는 물론, 마사지까지 받으며 자란 고베규의

사육 환경은 거의 전설에 가까운데,

덕분에 마블링이 고르고 육질도 부드러워 세계인의 사랑을 받고 있다.

하지만 뒷목 잡을 가격에 선뜻 고베규 스테이크집에

들어갈 용기가 나지 않았다.

평일 런치에 비교적 저렴하게 고베규를 맛볼 수 있는 이 집을 알기 전까지는!

뙤약볕에 한 시간쯤 기다린 끝에 스테이크랜드에 들어섰다.

1·2층에 스테이크를 굽는 기다란 철판 주변으로

다닥다닥 의자를 붙여 자리를 마련해 놓았다.

가격은 고베규에 샐러드, 밥, 미소시루, 음료 등을 곁들여 3,180엔.

고기를 어떻게 익힐지 묻는데 보통은 미디엄을 택한다.

젊은 요리사는 빠르고 정확한 손놀림으로 고기 4인분을 능숙하게 굽고 잘라

각자의 접시에 1인분씩 나누어 덜어준다.

고베규 위에 마가린으로 구운 마늘칩을 올리고, 숙주와 청경채를 볶아 한쪽에 놓아준다.

보기에도 먹음직스러운 고베규 한 조각을 입에 넣어본다.

이렇게 고소하고 부드러울 수가! 육즙을 가득 머금은 고기는 씹을수록 진한 맛을 뿜어낸다.

고베규의 산지, 효고현 타지마의 질 좋은 송아지는 과연 이런 맛이었다.

여전히 뜨거운 날씨에도 긴 줄은 줄어들 기미가 없는데, 기다림을 보상하고도 남는 훌륭한 맛이다.

압력과 증기로 추출한
사이펀 커피의 맛

에비앙커피숍

위치 한신 모토마치역에서 도보 2분

주소 神戸市中央区元町通1-7-2

오픈 월 · 토요일 08:30~18:30, 일요일 · 공휴일 09:00~18:00

휴무 첫째 · 셋째 수요일

가격 브랜드 커피 330엔, 시폰 케이크 400엔

전화 078-331-3265

홈피 www.evian-coffee.com

고베 주민들을 위한 매거진에 소개된 바에 따르면,

"에비앙커피숍은 숙련된 바리스타가 정성껏 원두를 골라 솜씨 좋게 내린 커피 맛이 일품"이란다.

평소 커피를 즐겨 그 지역의 맛있다는 커피는 꼭 맛보려 하는데 이곳을 그냥 지나칠 수는 없다.

에비앙커피숍은 사이펀 커피サイフォンコーヒー와 시폰 케이크가 유명해서

이를 맛보기 위해 먼 지역에서 방문하는 일본인들도 꽤 많다고 한다.

'사이펀'은 플라스크 내의 기압을 이용하여 물을 이동시키는 구조의 커피 추출 기구이다.

19세기 유럽에서 발명해 일본에는 다이쇼 시대에 들어왔는데 커피 맛을 진하게 뽑는 데 탁월하다.

이 사이펀 커피에 가장 잘 어울리는 에비앙의 시폰 케이크는

우유, 밀가루, 달걀 등의 재료 모두를 고품질 국산만을 고집하여 최고의 맛을 끌어낸다.

진열된 원두와 복고풍 커피 머신들이 좋은 커피를 내줄 거라는 확신을 주었다.

동그란 유리 플라스크에서 압력과 증기를 이용해 커피를 내리는 바리스타의 손놀림도 심상치 않다.

하지만 기대가 너무 컸던 탓일까.

진한 커피의 맛을 음미하기 전에 이보다 더 진한 담배 향이 훅 끼쳐와 집중을 방해했다.

이 동네 사람들의 커피 한 잔, 담배 한 모금을 책임지는 것까지는 좋은데,

한껏 기대한 여행자로서 이 분위기는 조금 아쉽다.

고베 제일의
초콜릿 챔피언

lavenue

라베누

위치 한큐 산노미야역에서 도보 10분
주소 神戸市中央区山本通3-7-3
오픈 월~토요일 10:30~19:00, 일요일 · 공휴일 10:30~18:00
휴무 수요일(화요일은 부정기 휴무)
가격 디죠네(카시스 초콜릿쇼트) 560엔,
　　　프루티에(과일을 얹은 생크림쇼트) 520엔
전화 078-252-0766
홈피 www.lavenue-hirai.com

현지인들이 고베 최고의 케이크 점이라는 찬사를 아끼지 않는 라베누의 주인은
2009년 '초콜릿 월드 마스터즈 대회'에서 우승한 명장.
쇼케이스 안의 케이크들은 일제히 세련된 디자인에 가격도 비싼 편이다.
점원에게 추천해달라고 했더니 역시나 디죠네ディジョネ라는 이름의 카시스 초콜릿쇼트를 단숨에 가리킨다.
더 화려하고 독특한 케이크가 많지만 여기선 초콜릿 메뉴를 꼭 먹어봐야 한다.
단정한 직사각형으로 잘라낸 이 초콜릿쇼트는 컬러와 데코레이션이 심상치 않다.
깊이 있는 검붉은 보라색의 카시스와 검정에 가까운 초콜릿이 물결을 이루며 반짝이고 있다.
그 위로 작은 초콜릿 볼 세 개가 올라 있고, 그중 하나에는 비싼 케이크의 상징인 금박도 살짝 올라가 있다.
그대로 노출된 단면 맨 아래에는 프레이크 같은 과자가 송송 박혀 있고,
그다음은 연한 초콜릿 층, 진한 초콜릿 층, 크림 카시스 층, 젤리 카시스 층 순으로
겹겹이 다른 맛을 품고 있다.
이런 건 단번에 잘라서 전 층을 한꺼번에 맛봐야 한다.
새콤달콤 바삭바삭 어느 한쪽으로 치우치지 않는 지루함 없는 맛이다.
이것이 월드 초콜릿 마스터즈의 솜씨!
역시 훌륭하다.

케이크는 비주얼이다

카파렐

위치 한큐 산노미야역에서 도보 12분

주소 神戸市中央区山本通3-7-29

오픈 11:00~19:00

휴무 화요일

가격 잔도야 초콜릿무스(매장 내 데코레이션 포함) 1,296엔,
체리 엣지나(체리 초콜릿무스) 496엔

전화 078-262-7850

홈피 www.caffarel.co.jp

에비앙 커피숍과는 한 세기쯤 차이나 보이는 모던하고 세련된 인테리어의 카파렐.

한쪽에는 낱개로 포장된 작은 초콜릿들이 열 맞춰 진열돼 있고,

다른 쪽으로 쇼트케이크 진열장과 케이크를 즐길 수 있는 테이블 몇 개가 놓여 있다.

쇼트케이크의 가격은 500~600엔대로 다른 집들보다는 조금 비싼 편이지만

세계적으로도 수준급인 스위츠는 당연히 맛봐야 하지 않겠나.

그런데 매장에서 잔도야 초콜릿무스를 먹고 가겠다고 말하자 무슨 영문인지

안쪽에 있던 파티시에가 다가온다.

진열장에 있는 가격은 포장해가는 가격이고,

매장 내에서 먹으려면 별도의 데코레이션 비용을 내야 한단다.

그런데 그 가격이 진열장에 표기된 가격의 두 배를 넘는다.

속으로 놀라긴 했지만 나름 비주얼 먹방 여행을 지향하는지라 눈물을 머금고 자리에 앉았다.

초콜릿무스에 홍차까지 주문했더니 무려 1,728엔!

초콜릿무스 위에 반짝이는 설탕을 실처럼 길게 만들어 현란하게 휘둘러 얹고,

딸기와 바닐라 아이스크림까지 곁들인 접시가 내 앞에 놓였다.

코코아 함량이 높은 진한 무스 안에는 라즈베리 컴포넌트가 숨어 있고,

잔도야라는 초콜릿으로 만든 고소한 필레도 혀에서 부드럽게 녹아내린다.

카파렐 본사는 1826년 이탈리아 북부 도시 토리노에서 초콜릿 회사로 시작했는데,

카파렐사의 장인이 이 잔도야 초콜릿을 개발하여 특화시켰다.

잔도야는 헤이즐넛 함량이 28%로 높아 향이 독특하고 매우 부드럽다.

데코레이션 솜씨도 할 말이 잃을 만큼 예쁜 건 맞는데, 같이 호들갑 떨어줄 친구가 없는 건
정말 아쉬웠다.

4대째 내려오는 원조 만두

roushouki

로쇼키

위치 한신 모토마치역에서 도보 5분

주소 神戸市中央区元町通2-1-14

오픈 10:00~18:30(품절되는 대로 영업 종료)

휴무 월요일

가격 부타망 개당 90엔

전화 078-331-7714

홈피 www.roushouki.com

무려 4대에 걸쳐 내려오는 만두라니, 역시 인기가 대단하다.

난킨마치에서 유명한 로쇼키는 식사 시간이 지났는데도

여전히 긴 줄이 늘어서 있다.

다행히 포장해주는 속도가 빨라서 긴 줄도 빠르게 줄어든다.

로쇼키는 중국 천진 지역의 만두인 가네코를 일본인의 입맛에 맞게

개량하여 1915년 처음 선보인 부타망 원조 가게다.

이후 고베의 고기 만둣집을 대표하며 대대로 손님을 끌어들이고 있다.

가게에서 먹고 갈 수도 있는데 두 개도 안 되고, 네 개도 안 되고,

꼭 세 개씩만 먹고 갈 수 있단다.

어차피 한 개에 90엔이고 사람마다 먹고 싶은 양은 다를 터인데,

먹을 수 있는 양을 정해주는 건 왜일까?

아무튼 좁고 긴 테이블 두 개에 6명 정도만 앉을 수 있으니 빠른 속도로 먹어야 한다는 부담이 앞선다.

주인아주머니는 아무런 소스를 찍지 않고 부타망 그대로의 맛을 즐길 것을 권한다.

하지만 겨자가 섞인 간장을 찍어 먹는 게 돼지고기 냄새를 완벽히 가려주어 개인적으로는 더 맛있다.

코가 따끔거리는 매콤함과 고소한 돼지고기가 매우 잘 어울렸고,

말랑말랑 쫀득한 만두피도 역시 4대째 내려오는 내공이 괜한 것이 아니구나 느끼게 했다.

같은 커피, 다른 맛

우에시마커피점 (고베 모토마치점)

위치 한신 모토마치역에서 도보 2분

주소 神戸市中央区元町通1-13-15

오픈 월 · 금요일 07:00~23:00, 토요일 08:00~23:00,
일요일 · 공휴일 08:00~22:00

가격 스위츠 오렌지 커피(L) 540엔, 흑당 밀크커피(M) 410엔

전화 078-325-0230

홈피 www.ueshima-coffee-ten.jp

우에시마커피점은 삿포로 유학 시절 좋아하던 카페 중 하나였다.

흑당밀크커피 黑糖ミルク珈琲의 특색 있는 달달함이 좋았고,

의외의 재료들을 혼합한 계절 커피들도 신선했다.

그런데 사실 '우에시마'는 삿포로가 아닌 고베의 브랜드였다.

본토에 왔으니 기대를 하는 건 당연했다.

본점이 있는 고베 우에마치까지 가기는 좀 무리가 있는 거리고,

마침 모토마치역 앞에 분점이 있어 그곳을 찾았다.

출입문에 세워진 입간판에 '스위츠 오렌지 커피'라는 광고물이 붙어 있다.

향긋하고 달달했던 삿포로에서의 추억을 떠올리며 큰 사이즈로 주문했다.

그런데 이런, 삿포로에서 마시던 것과 달라도 너무 다르다.

커피 위에 얹어진 크림은 느끼하고 커피와 잘 섞이지도 않는다.

달콤하지도, 진하지도 않고 좀 밍밍하기까지한 이도 저도 아닌 이 맛은 대체 뭔가.

우에시마커피의 팬이어서 실망감이 더 컸는지 몰라도

고베 브랜드로서의 명성에 못 미치는 건 분명했다.

다른 모든 커피를 맛본 게 아니라 성급히 일반화할 수는 없지만

삿포로의 우에시마커피점이 유독 생각나는 날이었다.

북적북적 스탠딩 이자카야

뉴월드

위치 한큐 산노미야역에서 도보 8분
주소 神戸市中央区中山手通2-3-18
오픈 월 · 토요일 16:00~24:00, 일요일 14:00~24:00
휴무 연중무휴
가격 사시미 5종 680엔, 단품 안주 300엔~
전화 078-322-1233

저녁에 고베에 사는 친구를 만난 김에 가볍게 한잔하는 게 어떻겠냐고 물었다.

다행히 요즘 한잔하고 싶었다며 회사 동료들과 가끔 간다는 스탠딩 이자카야를 제안한다.

나도 일본 드라마에서나 봤지 스탠딩 술집은 가 본 적이 없어서 내심 반가웠다.

뉴월드라니, 해산물 전문 이자카야로는 별로 안 어울리는 이름이다.

입구부터 사람들이 복작복작 서 있어서

와글와글한 인파를 헤치고 안으로 들어가 좁디좁은 카운터 코너에 겨우 자리를 잡았다.

몸을 돌리면 뒤에 서 있는 사람과 어깨가 닿을 정도로 비좁다.

적당히 술을 마신 사람들이 큰 목소리로 대화 중이고, 주문을 받는 점원들의 목소리도 만만찮은 데시벨이다.

어쩐지 내가 알던 조용하고 세련된 고베의 이미지와 많이 다른 분위기다.

여기는 흡사 주말 피크 시간대의 오사카 술집 골목을 연상시킨다.

우리는 사시미, 새우구이, 감자튀김, 바지락탕까지 마음껏 먹고 마시며 못다 한 대화를 실컷 나눴다.

일본 경양식의 진수

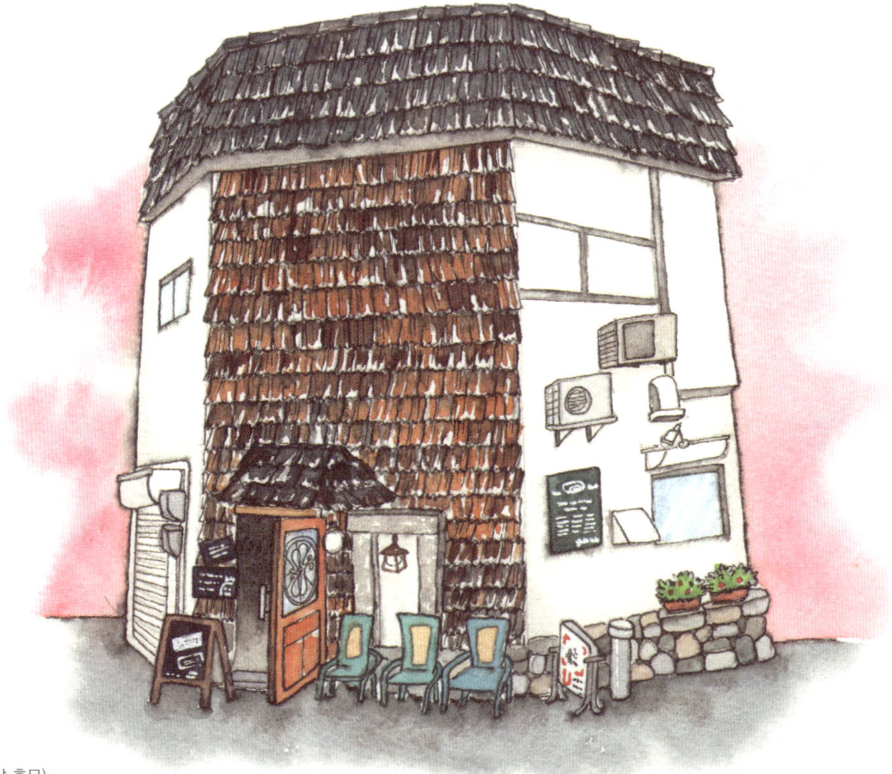

grill suematsu

그릴 스에마츠

위치 JR 산노미야역에서 도보 15분
주소 神戸市中央区加納町2-1-9
오픈 11:30~14:30, 18:00~22:00
휴무 화요일(공휴일인 경우 영업, 그 다음날 휴무)
가격 비프카츠 런치 950엔(13시 30분 전에 주문해야 런치 가격에 먹을 수 있음), 비프카츠 1,400엔(밥 별도)
전화 078-241-1028
홈피 www.grill-suematsu.com

한국에서 '경양식'이라는 단어는 복고의 추억을 불러일으킨다.

일본도 특별히 다르지 않아서 경양식집의 분위기는 특정 시절을 연상시킨다.

그릴 스에마츠 역시 비프카츠가 유명한, 제대로 된 경양식집.

관광 중심가에서 벗어난 다소 외진 곳인데도 이미 긴 줄이 늘어서 있다.

아무리 맛있대도 잘 기다리지 않았던 한국에서와는 다르게 일본에서 먹방 여행을 하며

기다리는 일이 잦아졌다.

아무래도 맛있는 집에 들어가기 전 으레 치러야 할 의식이 돼버린 듯하다.

이윽고 자리에 앉아 받아본 비프카츠는 의외로 수수한 비주얼이다.

일단 소스를 살짝 찍어 먹어봤다. 거짓말이 아니라 내가 지금껏 먹어본 데미그라스 소스 중에 최고다.

이렇게 좋은 향에 깊은 맛을 내는 소스는 어떻게 만들 수 있는 걸까.

부드러운 소고기를 미디엄으로 튀겨낸 비프카츠에 더할 나위 없이 잘 어울린다.

갓 지은 밥도 한몫 한다. 주인이 효고현에서 양식으로 유서 깊은 '잇페이'에서 수련했다는데 그 내공이

여과 없이 드러난다.

어렸을때 처음 가본 경양식집에서 밥그릇이 아닌 커다란
접시에 밥이 담겨 나왔던 모습이 선명하게 되살아났다.
좋은 쌀로 방금 지어낸 밥은 찰지고 맛 좋았다.

보들보들 하다는 표현이 이렇게 잘 어울리는 소고기도 아마 드물 것이다.
오랜시간 연구하고 고심해서 만들었을 데미그라스 소스가
부드럽고 보들보들한 소고기의 맛에 감칠맛을 더한다.

고풍스러운
정통 유럽식 카페

니시무라커피점

위치 한큐 산노미야역에서 도보 7분

주소 神戸市中央区中山手通1-26-3

오픈 08:30～23:00

휴무 연중무휴

가격 니시무라 오리지널 브랜드 커피 550엔, 스트레이트 커피 700～800엔,
　　　케이크 450～550엔, 케이크 세트 900～1,000엔

전화 078-221-1872

홈피 www.kobe-nishimura.jp

토아로드에서 약간 북쪽, 그릴 스에마츠로 가는 대로에 웬 독일식 전통가옥이 떡하니 있다.
처음엔 콘셉트 분명한 부티크 호텔인 줄 알았는데 다가가보니 커피숍이다.
외관도 눈에 띄지만 실내 또한 온통 붉은 벽돌로 둘러싸여 상당히 고풍스럽다.
바닥 전체에 넓게 깔린 카펫, 오래된 의자와 나무 테이블, 높은 천장도 옛 유럽 그 자체다.
창문마다 매달린 꽃 화분이나 메이드 복장의 점원들도 분위기 재현을 위해 꽤 신경 쓴 것 같다.
나는 카페오레만 주문하려다 추천 메뉴인 딸기쇼트를 더할 수 있는 '케이크 세트'를 주문했다.
그러고 보니 일본에서 이토록 많은 케이크를 먹으면서 유독 딸기쇼트를 고르지 않았던 것 같다.
일본인들은 스펀지케이크 위에 생크림을 바르고 딸기를 얹은 딸기쇼트를 무척 좋아한다.
하지만 니시무라의 딸기쇼트는 독일식에 가까워서인지 촉촉함이 덜하다.
부드러움과 촉촉함에 목숨 거는 일본식 케이크를 생각하면 상당히 낯선 맛이다.
좋은 재료에 싱싱한 과일을 사용했지만 우유 맛이 강한 카페오레가 없다면
조금 퍽퍽하게 느꼈을 것 같다.
하지만 이곳의 콘셉트 자체가 정통 독일식!
독일식 제빵 기술로 12종의 쇼트케이크, 12종의 타르트, 23종의 비스킷류를 굽고,
직접 로스팅한 원두도 판매하고 있으니
고풍스러운 유럽식 카페를 사랑하는 이들에겐 분명 환영받을 곳이다.

화끈하고 터프한
'남자 라멘'

멘쿠라

menkura

위치 한큐 산노미야역에서 도보 10분
주소 神戸市中央区加納町3-13-1
오픈 11:00~다음날 새벽 05:00
휴무 연중무휴
가격 700~1,300엔
전화 078-242-1709

키타노이진칸에서 내려오는 길에 엊그제 봤던 김치라멘집 간판과 또 눈이 마주쳤다.

고베에 사는 친구가 이곳도 꽤 알려진 곳이라고 했던 말이 머릿속을 스쳤다.

한국으로 치면 기사식당 같은, 그래서 아저씨들만 와글와글할 것 같은 분위기지만

용감하게 문을 열고 들어갔다. 아…, 그런데 역시 예상이 맞았다.

카운터석만 있는 좁은 가게 안에는 남자 손님들만이 빼곡히 앉아 라멘을 먹고 있다.

나가고 싶었지만 이럴 땐 꼭 없어도 되는 자리가 한 개가 비어 있다.

얼른 들어와 앉으라는 주인아주머니의 손짓에 나는 어물어물 그 자리로 들어가 김치라멘을 주문했다.

'멘쿠라'는 고베 김치라멘의 발상지라고 한다.

창업 이래 지금까지 변함없는 레시피로 돼지 뼈와 삼겹살로 뽀얀 수프를 낸다.

과연 누린내 없이 고소하고 입에 착착 감기는 맛.

살짝 느끼하다고 생각될 즈음 테이블 위에 있는 다진 마늘과 빨간 고추기름을 한 스푼씩 넣으면

라멘 국물은 또 다른 매력을 가지게 된다.

역시 이 맛은 내가 처음 가게를 들어섰을 때 받은 이미지처럼 남자 손님들에게 인기 있을 만한

박력 있는 맛이다.

그래, 술 한잔 걸치고 집에 가는 길에 해장라면으로 딱이겠다!

정겹고 편안한
오코노미야키집

iKyu

잇큐

위치 아리마온천역에서 도보 7분
주소 神戸市北区有馬町1196
오픈 11:00~14:30, 17:00~20:00
휴무 월요일, 부정기적
가격 오코노미야키 750엔~, 정식류 950~1,200엔
전화 078-904-0076

아리마 온천지는 간사이 지방을 여행할 때 꼭 들르는 곳 중 하나다.
오래전부터 알려진 유명 관광지인데 희한하게도 인상적인 음식이 없었던 곳이기도 하다.
함께 온 아리마 근처에 사는 친구가 오코노미야키가 어떻겠냐고 묻기에 그러자고 했다.
관광 상점을 가로지르는 메인 로드 한가운데 자리하고 있는 잇큐는
이래저래 인터넷을 뒤져봐도 딱히 관광객들이 일부러 찾는 집은 아닌 듯하다.
내부는 다다미방 안에 신발을 벗고 들어가 의자처럼 앉을 수 있게 바닥을 파 놓은
호리코타츠 掘りごたつ 형식으로 돼 있다.
주방에선 인심 좋아 보이는 아주머니와 할아버지가 분주히 주문을 받아 오코노미야키를
굽고 있다.
겉이 노릇하게 익은 오코노미야키는 따뜻하게 데워진 손님상의 철판 위로 옮겨진다.
오사카 음식점에서 먹었던 것과는 확연히 다른, 일본의 가정에서 해 먹을 법한
기교 없이 소박한 맛이다.
묵묵히 3대째 맛을 이어온 이 집의 매력은 역시 줄 서서 먹는 유명 맛집과는 다르게
여유롭고 정겹고 편안하다는 것이다.

젤라토와 센베의
특급 콜라보레이션

스타지오네

위치 아리마온천역에서 도보 10분

주소 神戸市北区有馬町1163

오픈 10:00~17:00

휴무 수요일

가격 싱글컵 450엔, 더블컵 480엔, 트리플컵 540엔
　　　(프리미엄 80엔 추가, 아리마 센베 30엔 추가)

전화 078-907-5468

홈피 www.arima-stagione.jp

십여 년 전의 아리마에 비해 건물도, 거리 풍경도 좀 낡았구나 생각하며
메인 로드에 있는 상점가를 구경하던 중 여성 취향을 제대로 저격하는
젤라토 아이스크림을 만났다.
스타지오네 아이스크림은 롯코산 기슭의 낙농가에서 생산된 우유와
18종의 신선한 과일, 견과류 등을 재료로 한다.
제조 방식은 이탈리아 젤라토를 기본으로 하지만 재료는 일본산 위주로 엄선하는데,
30엔을 추가하면 이 지역에서 한정 생산하는 아리마 센베를 젤라토에 꽂아준다.
그런데 이게 또 아이스크림과 그렇게 잘 어울릴 수가 없다.
그야말로 깊고 부드러운 아이스크림과 바삭바삭한 센베와의 특급 콜라보레이션이다.
멜론과 피스타치오 두 가지 맛을 골랐는데 모두 재료에 충실한, 진하고 깊은 향에 반해버렸다.
조금 아쉬운 점이 있다면 인기 메뉴를 가격이 비싼 프리미엄 라인에 대거 포진시킨 것 정도.
계절, 점포 한정 메뉴도 있다.
그중 아리마 점포 한정 메뉴인 데니쉬 젤라토는 근처의 솜씨 좋은 빵집에서 구워주는
데니쉬에 젤라토를 얹어주는 것으로 비주얼이 무척 귀엽다.

섬세한 기술로 재현한
프랑스 정통 디저트

파티셰리 몽프류

위치 한신 모토마치역에서 도보 6분

주소 神戸市中央区海岸通3-1-17

오픈 10:00~19:00

휴무 화요일

가격 퓨이다무르 472엔, 알리바바 461엔

전화 078-321-1048

홈피 www.montplus.com

일본 타베로그의 고베 스위츠 랭킹 2위에 빛나는 '파티셰리 몽프류'.

프랑스에서 정통 제과 비법을 전수받은 파티시에가 만든 다양한 스위츠가 유명하다.

몽프류의 간판은 프랑스에서 생산한 타일을 직접 공수한 것으로, 파리의 감성을 그대로 재현했다.

내부 또한 파티시에가 직접 골동품 가게를 돌며 구입한 가구들로 채워져 유럽 분위기가 물씬 난다.

쇼케이스 안에 진열된 다양한 스위츠 중에서도 퓨이다무르ピュイダムール는 단연 시그니처 메뉴.

이는 프렌치 페스트리의 속을 부풀려 커런트 젤리나 산딸기 잼을 넣은 프랑스식 디저트로

겉에 설탕을 씌워 바삭하면서도 달콤하다.

포장하지 않고 바로 먹기를 추천했는데 위에 올려진 설탕 층이 깨지면,

안에 있는 크림이 녹으며 형태가 무너지기 때문이다.

구운 설탕 층은 우리 어릴 적에 먹어봤을 법한 뽑기 사탕 맛이고, 몽글몽글 달콤한

크림이 입 안에서 녹으면 굉장한 만족감을 준다.

이런 질감과 맛을 재현하는 남다른 기술이 고베의 여성들에게 인기 있는 이유인 듯하다.

정육점 고로케의 최강자

moriya shoten

모리야쇼텐

위치 한신 모토마치역에서 도보 3분

주소 神戸市中央区元町通1-7-2

오픈 10:30~18:30

휴무 연중무휴

가격 고로케 90엔, 민치카츠 130엔

전화 078-391-4129

홈피 www.moriya-kobe.co.jp

모리야쇼텐을 모른 채 고베를 여행하는 사람이 몇이나 될까.

1973년부터 대를 이어 질 좋은 고기를 취급하며 일본 왕실에까지 고기를 납품한 적 있는

명성 자자한 정육점으로, 고베에서 꼭 먹어야 할 음식을 한 번이라도 조사했다면

도저히 피해갈 수 없는 곳이다.

이곳의 명물 먹거리는 역시 고로케.

주민들과 관광객이 쉴 새 없이 몰려들어 계속해서 고로케를 튀겨 내기 때문에

언제 가더라도 방금 튀긴 따끈따끈한 상태로 먹을 수 있다.

소고기와 돼지고기를 황금비율로 배합한 후 튀겨낸 민치카츠의 평도 좋아

고로케와 민치카츠를 하나씩 포장해 숙소에 가서 밥과 함께 먹었다.

그러고 보면 간식과 식사의 차이는 그저 밥 한 공기다.

민치카츠는 밥과 함께 먹을 때가, 고로케는 그냥 간식으로 즐길 때가 더 맛있는 것 같다.

'혼밥'도 즐거운
핫한 햄버그 정식

yurt

유루토

위치 한큐 산노미야역에서 도보 10분

주소 神戸市中央区江戸町101

오픈 11:00~24:00(런치 11:00~15:00, 디너 17:00~24:00)

휴무 부정기적

가격 커피 480엔~, 런치 햄버그 정식 1,300엔(세금 별도)

전화 078-381-6686

홈피 www.yurt-web.com

요즘 고베의 커리어 우먼들 사이에서 핫한 런치 레스토랑이 궁금했다.

때마침 고베에서 일하는 친구가 말하기를, 본인은 엄격한 식사 시간 때문에

붐비는 점심시간에 못 가보고 있지만 꼭 가고 싶은 런치 레스토랑이 있다고 했다.

그러면서 식사 시간대만 피해 가면 맛있는 햄버그 정식을 먹을 수 있는 '유루토'의 주소를 쥐어주었다.

블로그를 뒤질 때도, 가이드북에서도 못 본 현지인이 준 깨알 같은 정보다.

밖에서 보기보다 넓은 내부에는 나처럼 '혼밥'을 즐기는 젊은 여자들이 꽤 있었다.

메뉴판에는 햄버그 정식, 돼지고기 정식, 닭고기 정식과 그 밖에 카레 등이 있다.

음료수 바는 먹고 싶은 만큼 맘껏 먹을 수 있는 노미호다이*のみほう－だい*로,

이곳에서 만든 카시스 주스가 탄산 없이 새콤달콤해서 입맛에 잘 맞았다.

친구가 추천한 햄버그 정식은 은박지에 싸인 햄버그와 묘한 살구색의 야채수프,

두 종류의 츠케모노*つけもの*가 함께 나왔다.

은박지를 열어보니 햄버그에서 뜨거운 김이 훅 끼쳐온다. 통째로 오븐에 구운 모양이다.

식감이 너무 부드러워 몇 번 씹기도 전에 입 안에서 고기가 사라져버리는 느낌이다.

진하고 고소하지만 간이 싱거운 편이라 소스를 곁들이거나 수프와 함께 먹을 때의 합이 좋다.

식사 후에는 느긋하게 음료를 즐기며 시간을 보내기에도 좋다.

비 오는 창가에서
홍차와 바움쿠헨

마쿠루루

위치 한큐 산노미야역에서 도보 3분
주소 神戸市中央区下山手通2-1-14
오픈 월~토요일 11:00~22:30, 일요일 11:00~20:00
휴무 부정기적
가격 바움쿠헨 세트(음료 포함) 680엔
전화 078-321-7337
홈피 www.ma-couleur.jp

고베는 일본의 다른 지역에 비해 서양 문물이 일찍 들어와 스위츠 문화가 굉장히 발달해 있다.
일본관광청에서 '고베 스위츠'를 따로 홍보할 정도로 수준 높은 케이크 숍이 많기에
나 또한 고베에서 제법 다양한 다양한 스위츠를 먹게 되었다.
그중 마쿠루루는 2009년에 오픈한 비교적 신생 가게지만, 독일식 바움쿠헨을 일본 스타일로 잘
구현해 돋보이는 곳이다.
바움쿠헨은 원통처럼 생긴 케이크로 굵은 막대에 밀가루, 버터, 달걀 등을 여러 겹으로 바르며 굽
기 때문에 절단면이 나이테처럼 둥글게 물결친다.
창밖으로 보슬보슬 비 오는 풍경을 구경하며 향기로운 홍차 한 모금과 달콤한 바움쿠헨 한 조각을
곁들이니 어느덧 여행의 피로가 녹아버린다.

내 맘대로 만드는
'귀요미' 액세서리

Voyageur

보야저

위치 한신 모토마치역에서 도보 7분
주소 神戶市中央区海岸通2-4-14
오픈 12:00~20:00
휴무 목요일
가격 1,000~3,000엔
전화 078-391-0251

산노미야역에서 하버랜드로 가는 길목 어디쯤에 고베 현지인들이 쇼핑을 즐긴다는 핫플레이스가 있다. 관광객의 정해진 루트라는 게 '말에게 씌워 놓은 안대' 같다는 것을 새삼 실감했다. 올 때마다 줄 서서 고로케를 사 먹었던 모리야쇼텐이 이곳에서 멀지 않은데, 단지 골목 몇 개만 거쳐오면 되는 이런 곳을 전혀 몰랐다니 말이다. 백화점처럼 비싼 브랜드들이 입점한 게 아니라 우리나라 이대 앞 거리처럼 보세 숍이 몰려 있어 고베에 사는 젊은 여성들이 자주 구경 오는 곳이라고 한다. 대부분의 숍들이 일본 여성들 사이에서 유행하는 패션을 따르며 우리나라에 비해서도 저렴한 편이다.

보야저는 그중에서도 단연 인상적인 곳이다. 가벼운 마음으로 한 철 기분 내기에 좋은 액세서리로 가득한데, 완제품뿐만 아니라 부속품이 엄청나게 다양해서 원하는 모양으로 직접 만들 수 있다. 완제품의 부속품만 교체하는 것도 가능하고, 금이나 은이 아니라 가격도 저렴하다. 예쁘고 귀여운 제품들이 많아 한참이나 넋 놓고 구경했다. 부피가 작으니 많이 구매해도 부담이 없다.

황금사과와 진주알을 낳은 아기새 귀걸이.

조그맣고 귀여운 여러가지 모양 중 마음에 드는걸 골라
투명한 유리알 안에 넣어 나만의 귀걸이를 만들수 있다.

길고 예쁜 줄이 뭔가 했더니 목걸이였다. 평범하게 목 뒤로 후크를 채우는
방식이 아닌 앞쪽의 고리 안으로 다른쪽 끝을 넣으면 완성되는 목걸이로
가장 큰 장식은 취향에따라 바꿀 수도 있다.

patisserie
monter au plus haut du ciel

YURT
YURT · COFFEE STAND

Lingot Chocolat
Babylone
Dijon
Fruitiers
Sacre Coeur
Vivienne

空
HEP
TOR
ROAD
STEAK
AOYAMA

OPEN

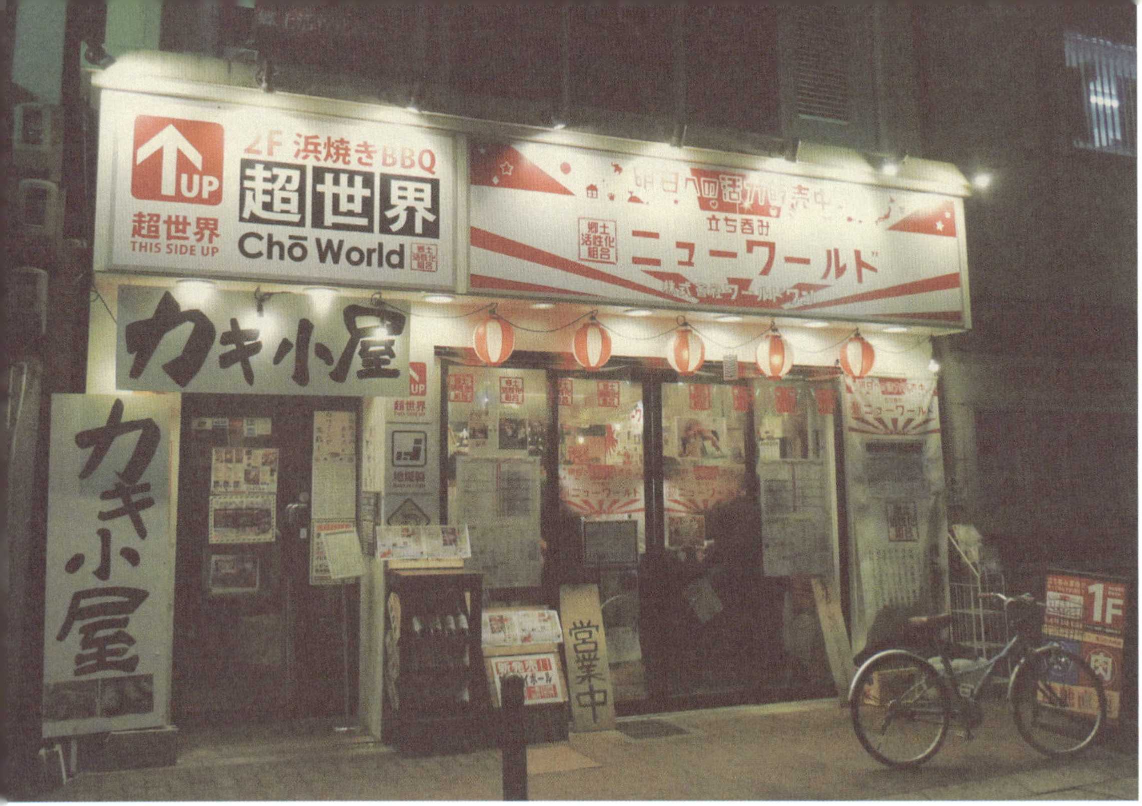

ムカツ
¥120
春谷のコロッケ
¥90
特撰！エビカツ
¥150
チキンチーズカツ
¥130
ヘレカツ
¥150
黒豚デミカツ
¥80
¥100

못다 한 이야기…

장기 여행은 결국 여행과 생활의 경계를 허물어버렸다. 어느덧 여행이 곧 생활이자 생활이 곧 여행이 되어버렸는데, 호텔이 아닌 에어비엔비를 이용한 것도 이런 생각에 일조한 듯하다. 여행의 피로가 누적된 어느 날, 커피 한 잔을 내려 침대 끝자락에 앉아 멍하니 창밖을 바라보았다. 눈부시게 화창한 날씨, 간간이 들리는 새소리, 여유로운 걸음의 사람들…. 나는 여행자가 아닌, 생활자의 시선으로 이 느긋한 시간을 스케치북에 담았다.

오사카 텐노지 라이온스 맨션에서
내다보이는 풍경.

구경만 하지 말고 입어보세요!

예쁜 옷에 대한 여자들의 판타지는 외국의 전통 의상이라고 해서 예외가 아니다. 특히 세계 의복사에 유례 없는, 오비를 칭칭 감는 스타일의 일본 기모노는 독특한 아름다움으로 여행자를 매료시킨다. '100년의 시간을 품은 쇼와 시대의 건물이나 울창하게 우거진 대나무숲을 거니는 자연스러운 사진 한 장 찍어보지 않겠어? 나를 입고 말이야'. 길가에 렌털 가격표를 붙이고 서 있는 전통 문양 기모노와 인기 애니메이션 캐릭터의 의상이 내게 말을 건다. 충분히 매력적인 제안이다.

산넨자카에서 넘어지면 3년, 니넨자카에서 넘어지면 2년 안에 죽는다는 무시무시한 속
설 때문에 이 부근에서 액땜용 표주박을 파는 가게가 있는데, 무엇이 궁금한 건지 그
가게 쇼윈도를 고양이 도자기 인형 두 마리가 빼꼼히 들여다보고 있다. 처음 이 고양이
들을 만난 게 십수 년 전이고, 이후 교토를 방문하는 대여섯 번 동안 언제나 한결같은
풍경으로 그 자리에 있어 주니 이제는 오랜 친구처럼 친근하고 반가운 마음이다. 다시
5년 후, 10년 후에도 그대로 있어 줄 것을 생각하면 벌써부터 마음이 푸근해진다.

유쾌한 미소가 지어지길 바라면서…

오사카성 앞의 노점 아이스크림 가게 지붕 위에는 멜빵 차림의 '귀요미' 인형들이 아이스크림을 안고 서 있다. 이 인형들을 아리마 온센의 작은 아이스크림 가게 앞에서 또 한 번 만났는데, 알고 보니 일본 곳곳의 아이스크림 가게를 지키는 캐릭터인 듯하다. 이들이 귀엽다고 생각하는 건 나뿐만이 아닌지 늘 관광객들과 함께 기념사진을 찍고 있다. 나도 아이스크림을 하나 사서 입에 물고 그들 옆에서 사진을 찍었다. 기분이 울적한 어느 날 이 사진 한 장에 유쾌한 미소가 지어지길 바라면서….

OSAKA

오사카

ㄱ ▶ ㅎ

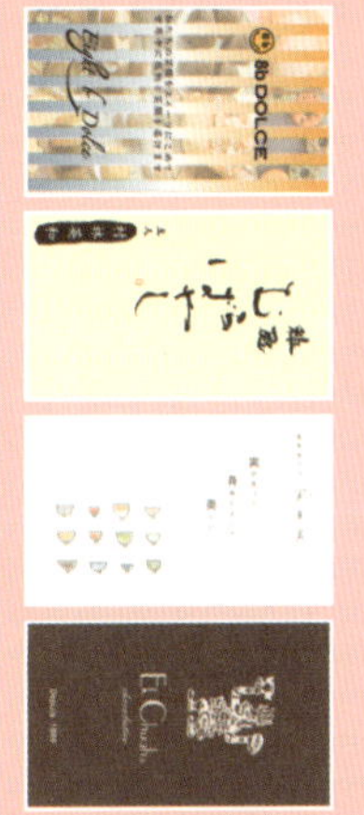

KYOTO

교토

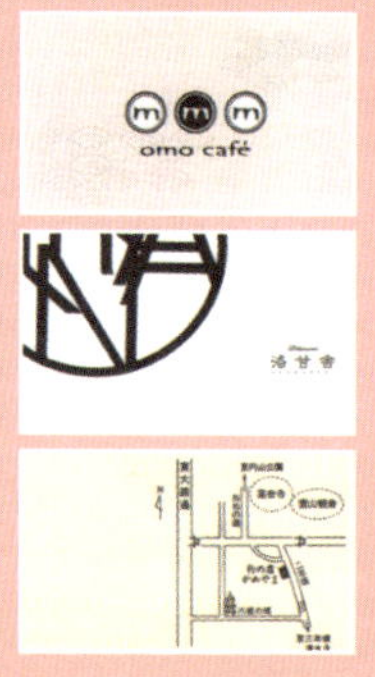

ㄱ ▶ ㅎ

KOBE

고베

ㄱ ▶ ㅎ

오
사
카
키
친

초판 1쇄 2016년 12월 20일
초판 2쇄 2017년 3월 7일

지은이 김윤주

발행인 양원석
편집장 고현진
책임편집 최혜진
디자인 RHK 디자인연구소 지현정
해외저작권 황지현
제작 문태일
영업마케팅 최창규, 김용환, 이영인, 정주호, 박민범, 이선미, 이규진, 김보영

펴낸 곳 (주)알에이치코리아
주소 서울시 금천구 가산디지털2로 53 한라시그마밸리 20층
편집 문의 02-6443-8892 **구입 문의** 02-6443-8838
홈페이지 http://rhk.co.kr
등록 2004년 1월 15일 제 2-3726호

ⓒ 김윤주 2016

ISBN 978-89-255-6078-6   13980